BIBLIOTHÈQUE DE LA SCIENCE EN FAMILLE

LA PHOTOGRAPHIE EN 1892

PREMIÈRE EXPOSITION INTERNATIONALE DE PHOTOGRAPHIE
PROGRÈS DE LA CHROMOPHOTOGRAPHIE
UNION NATIONALE DES SOCIÉTÉS PHOTOGRAPHIQUES DE FRANCE
ENSEIGNEMENT DE LA PHOTOGRAPHIE, ETC.

PAR MM.

Gaston-Henri NIEWENGLOWSKI

Président de la Société des Amateurs Photographes
Directeur du journal *La Photographie*

ET

Albert REYNER

Rédacteur au journal *La Photographie*

PARIS
LIBRAIRIE DE LA SCIENCE EN FAMILLE
CH. MENDEL, Éditeur
118, — *rue d'Assas*, — 118

1893

BIBLIOTHÈQUE DE LA SCIENCE EN FAMILLE

LA PHOTOGRAPHIE EN 1892

PREMIÈRE EXPOSITION INTERNATIONALE DE PHOTOGRAPHIE
PROGRÈS DE LA CHROMOPHOTOGRAPHIE
UNION NATIONALE DES SOCIÉTÉS PHOTOGRAPHIQUES DE FRANCE
ENSEIGNEMENT DE LA PHOTOGRAPHIE, ETC.

PAR MM.
Gaston-Henri NIEWENGLOWSKI
Président de la Société des Amateurs Photographes
Directeur du journal *La Photographie*
ET
Albert REYNER
Rédacteur au journal *La Photographie*

PARIS
LIBRAIRIE DE LA SCIENCE EN FAMILLE
CH. MENDEL, Éditeur
118, — *rue d'Assas*, — 118

1893

La Maison Charles Mendel se charge d'éditer soit pour son compte, soit pour le compte de MM. les Auteurs, tous ouvrages scientifiques ou photographiques.

PRÉFACE

L'année 1892 a vu quelques événements importants en photographie. Laissons de côté les perfectionnements apportés par M. Lippmann à la méthode interférentielle de chromophotographie qu'il a proposée en 1891, perfectionnements sur lesquels nous nous étendons dans le chapitre de la Photographie scientifique, pour arriver à un fait qui a aussi une grande importance. Je veux parler de l'organisation d'une première Exposition internationale de Photographie. Bien qu'annoncée un peu tard, et malgré de nombreuses objections et difficultés rencontrées au début, cette première tentative a pleinement réussi, et son succès réclame une répétition périodique. Une idée ingénieuse a été de réserver une place spéciale aux amateurs et de créer ainsi une sorte de *Salon de la photographie*. Une visite à ce salon ne pourra manquer de montrer que la photographie, si elle donne lieu aux problèmes scientifiques les plus ardus, a aussi un côté artistique. Nous ferons cependant un reproche à ce salon : le manque d'indication sur le sujet représenté par les photocopies exposées ; ce reproche est d'ailleurs, avec raison, souvent signalé par notre collaborateur, M. A. Reyner, dans les pages si justes qu'il lui a consacrées.

Un autre fait de l'année 1892 a été la création de l'Union nationale des Sociétés photographiques de France.

Cette union et le succès de l'Exposition prouvent une fois de plus l'importance qu'acquiert chaque jour la photographie. Quand on songe, d'autre part, qu'il n'y a pas actuellement une seule science, un seul art, une seule industrie qui n'ait recours à elle, soit directement, soit indirectement, on demeure fort étonné de voir que l'enseignement de cet art est délaissé en France, d'autant plus que c'est dans notre pays que la photographie prit naissance. D'ailleurs le but de l'Exposition de photographie est de combler cette lacune en employant la plus grande partie de ses bénéfices à la création d'une École de photographie.

Prendre cette Exposition comme motif d'une revue rapide de l'état de la photographie en 1892 ; analyser les différents envois qui ont été faits ; faire ressortir les défauts et les qualités de chacun d'eux, tel est le but de cette brochure. Nous espérons que les lecteurs sauront gré aux auteurs des efforts qu'ils ont faits pour rendre service à la photographie.

14 Juillet 1892.

I

L'HISTOIRE ABRÉGÉE DE LA PHOTOGRAPHIE

(GROUPE I DE L'EXPOSITION)

Une visite au groupe I de l'Exposition va nous permettre de retracer, au moins dans ses grands traits, l'histoire de la Photographie.

Nous passerons les premières observations de Fabricius (1566), Charles, Scheele, Senebier et Wedgwood, observations dont il ne reste que le récit, pour arriver de suite aux appareils de Niepce et Daguerre (1829). C'est avec eux que commence la représentation de l'évolution de la Photographie à l'Exposition du Champ-de-Mars. Ce groupe I, presque entièrement contenu dans une vitrine d'environ 4 mètres sur 3, renferme de véritables trésors :

Ce sont les appareils ayant appartenu à

Daguerre et à Niepce et une partie de leurs œuvres, obligeamment prêtés par le Conservatoire des Arts et Métiers, par *Armand Billon-Daguerre*, le neveu du grand inventeur, par la *Société française de Photographie*, etc.

Parmi les plaques daguerriennes se trouvent deux magnifiques panoramas représentant, l'un, l'Hôtel de Ville, l'autre le Pont-Neuf et exécutés en 1845.

Après Daguerre, Talbot et Legray viennent avec la Photographie sur papier ciré. M. *Mieusement* et la Société française exposent de jolis phototypes sur papier ciré.

L'albumine et le collodion (1847) suivirent de près le papier ciré ; l'héliographie et la lithophotographie font apparition.

En 1852, Barreswill, Lemercier, Lerebourgs et Davanne utilisent le bitume de Judée bientôt remplacé par la gélatine bichromatée, grâce aux beaux travaux de Poitevin, dont la Société française nous montre de belles épreuves.

Mais, tandis qu'on perfectionnait les procédés chimiques, l'appareil physique servant à obtenir ces images subissait aussi une évolution. L'objectif simple, auquel on tend à revenir de plus en plus, fut d'abord le seul employé ; c'est en 1841 que Petzwal construisit le premier objectif double, que copièrent tous les opticiens. La grande vitrine du groupe I contient les premiers objectifs construits par Chevalier, Bertch, etc. ; la masse imposante de ces objectifs si lourds, si grands, fait dire à un de nos confrères qu'ils ne pourront manquer de passer pour des obusiers, auprès des âges futurs. Citons encore, en dehors de la vitrine, les objectifs exposés par M. *Lutz,* construits sur les indications de Martin, du colonel Laussedat et du fameux Regnault.

Bien que les objectifs actuels soient moins encombrants que tous ces vieux modèles, M. *Méheux* pensa, en 1885, que l'objectif tiendrait encore moins de place en le supprimant. Il nous montre ses premières épreuves obtenues avec une ouverture étroite. Nous y voyons les monuments avoisinant la demeure de M. Méheux, c'est-à-dire le Panthéon, l'église et la bibliothèque Sainte-Geneviève et un portrait; nous avons montré ailleurs les avantages de la photographie sans objectif dans le portrait[1]. Rappelons que la sténopé-photographie a été étudiée à fond par M. *Colson*, qui a donné les conditions dans lesquelles on doit opérer pour obtenir de bons résultats.

[1] Voir *La Photographie,* numéro de mars 1892.

A côté de ces documents historiques, l'administration a placé des appareils qui auraient dû appartenir plutôt au groupe II : la chambre claire du colonel Laussedat ; son télémétrographe dont le capitaine Hubl nous soumet ailleurs une reproduction, qui montre qu'à l'étranger on sait copier admirablement ce qui se fait en France, et s'en faire de très solides titres de gloire.

L'héliographe du colonel *Laussedat* et le périgraphe du colonel *Mangin* figurent aussi dans ce groupe.

LA PHOTOGRAPHIE SCIENTIFIQUE

(GROUPE II DE L'EXPOSITION)

Le groupe II, réservé à la Photographie scientifique, suffit à peu près à lui seul pour nous montrer l'état de la photographie en 1892. — Le chapitre précédent nous a montré que la découverte et les principaux progrès de la photographie étaient dus à des savants français. La découverte de *M. Lippmann* est venue, en février 1891, ajouter un fleuron à la gloire française. Nous ne décrirons pas l'expérience elle-même que tout le monde connaît maintenant; nous dirons seulement les immenses progrès accomplis par la chromophotographie depuis cette date mémorable. Tout d'abord, comme on le sait, la reproduction du spectre exigeait un temps de pose de deux ou trois heures. En plongeant les plaques aussitôt après la sensibilisation dans un bain de cyanine, notre illustre maître est parvenu à les rendre aussi sensibles aux rayons rouges qu'aux rayons bleus, et à obtenir ainsi un phototype aussi beau que les premiers avec une pose de deux à trois minutes; il a pu réduire la pose des radiations rouges à quinze secondes.

Ensuite on ne pouvait employer les émulsions. MM. *A. et L. Lumière*, de Lyon, ont répété l'expérience de M. Lippmann avec une émulsion au gélatino-bromure dont les grains ne peuvent être vus avec les plus forts grossissements du microscope. La transparence de la couche est telle qu'on a de la peine à reconnaître le côté sensible du verre. Le spectre ainsi obtenu par MM. A. et L. Lumière a été montré par M. Vidal dans sa conférence au Conservatoire des Arts et Métiers et par M. G.-H. Niewenglowski à la Société des Jeunes Amateurs. On peut le voir actuellement à l'Exposition du Champ-de-Mars dans la vitrine de la Sorbonne. Très beau et très pur, il doit en partie son éclat à ce qu'il est noyé dans du baume de Canada et monté sur fond noir.

Mais, si on avait ainsi obtenu une reproduction

du spectre, il paraissait difficile à beaucoup de personnes qu'on pût de la même façon reproduire les objets naturels. C'est que ces personnes ne connaissent probablement pas à fond la théorie des ondes et ignorent qu'il existe certain théorème de Fourier qui résout le problème. D'ailleurs, comme M. Abel Buguet le dit dans le numéro 2 du *Photo-Journal*, le principe de l'expérience de M. Gabriel Lippmann a une grande analogie avec celui du phonographe d'Edison :

« Dans les deux cas, la vibration *sonore* ou LUMINEUSE laisse sa trace sur une substance impressionnable, *étain* ou GÉLATINE, et le cliché qu'elle a confectionné redonne fidèlement les vibrations, *son* ou LUMIÈRE, qui l'ont produit, avec tous leurs caractères et en particulier leur *tonalité* ou COULEUR. »

D'ailleurs, la pratique vient confirmer la théorie. Après avoir reproduit des verres de couleur monochromes, il est vrai, mais qui laissaient passer sensiblement toutes les couleurs (comme on a pu s'en assurer au spectroscope) en proportions variables, M. Gabriel Lippmann était arrivé à reproduire par sa méthode interférentielle une fleur naturelle. Le phototype était, il est vrai, un peu faible, mais il était néanmoins suffisant pour dissiper les doutes des sceptiques qui prétendaient que, si on avait photographié des vitraux éclairés par transparence, il n'en serait pas de même des objets naturels, éclairés par diffusion.

D'ailleurs, le célèbre membre de l'Institut a obtenu depuis de nouveaux phototypes colorés qui sont un grand progrès. Ce sont :

1° Un trophée de drapeaux franco-russes;

2° Un vitrail de quatre couleurs (rouge, vert, bleu, jaune);

3° Une perruche; le support sur lequel elle se trouve, et qui est un support de chimie, en cuivre poli, est très bien venu;

4° Un plat d'oranges surmontées d'une fleur de pavot;

5° Une feuille de houx garnie de ses petits fruits rouges; sur ce phototype on aperçoit les moindres détails ainsi que les différences de nuances dans les dernières parties de la feuille.

La perruche et la feuille de houx ont été obtenues à la lumière diffuse; les autres phototypes, à la lumière directe du soleil.

Ces phototypes ont été montrés tout d'abord à l'Académie des sciences, le 6 mai à la Société française de physique, et le 11 mai au Photo-Club de Paris. Ils sont exposés dans la vitrine de la Sorbonne à l'Exposition de photographie.

Si les résultats obtenus par M. Lippmann promettent beaucoup pour l'avenir, la théorie qu'il en a donnée à la Société française de physique est encore plus belle que les expériences elles-mêmes.

Il y a là un simple phénomène de superposition de vibrations simples de périodes diverses donnant naissance, par leur résultante, à une onde complexe, mais encore périodique, analogue aux ondes qu'on rencontre dans l'étude du timbre, en acoustique.

Comment ces plans d'argent regardés à la lumière blanche doivent-ils donner la sensation des couleurs mêmes qui les ont produits? Nous croyons que la démonstration analytique paraîtrait un peu longue et ardue à nos lecteurs. Nous nous contenterons de leur dire que ces plans d'argent forment une sorte de réseau en profondeur, auquel on peut appliquer la méthode de la courbe de Cornu, relative à la diffraction.

Ainsi donc, la photographie peut être considérée comme ayant complètement résolu le problème qu'elle se posait : *Fixer les images des objets avec leur relief et leurs couleurs*. C'est un Français qui a achevé la solution, de même que ce sont des Français qui l'avaient commencée.

Il n'y a plus que des difficultés d'ordre pratique qui ne tarderont certainement pas à disparaître. Le seul inconvénient qui semble être difficile à éviter est celui que l'on rencontrait dans le daguerréotype[1] : l'impossibilité de tirer un nombre illimité de photocopies positives d'un seul phototype négatif, et par suite la contrainte de faire autant de phototypes qu'on désire d'épreuves.

Et encore, si l'on en croit M. Lippmann, cet inconvénient disparaîtra le jour où on obtiendra des phototypes négatifs présentant bien nette-

[1] On a souvent attribué des colorations que présentent quelques daguerréotypes à un phénomène analogue à celui de M. Lippmann, et quelques-uns en profitaient même pour dire que M. Lippmann n'avait rien trouvé, son expérience étant aussi vieille que la découverte de la photographie. Il n'en est rien, comme je l'ai vu, par hasard, en parlant à la Société des jeunes Amateurs de la théorie de M. Lippmann et du changement de couleur produit sur les spectres de M. Lippmann selon l'angle sous lequel on les regarde. Ces variations de couleur ne se présentent pas avec les daguerréotypes colorés. Le lendemain, d'ailleurs, mon illustre professeur, M. Lippmann, m'a confirmé cette idée en me disant qu'il venait de trouver dans de vieux ouvrages des brevets relatifs à la coloration artificielle des daguerréotypes au moyen de poudres colorées très fines.

G.-H. N.

ment les couleurs complémentaires par transparence.

Nous souhaitons que ce jour soit le plus rapproché possible [1].

Bien qu'elle ait été classée dans le groupe I, nous parlerons ici de la vitrine contenant les étalons du Congrès 1889 et 1891, à côté de laquelle auraient dû trouver place le tourniquet de M. Moessard et le focomètre de M. Mergier, placés à tort dans le groupe du matériel.

Nous nous contenterons d'énumérer le contenu de la vitrine du Congrès.

Les séries de planchettes et de calibres en cuivre pour le logement des planchettes sur les chambres noires ; les types de montures d'objectifs [2] ; les peignes à fileter ces montures et l'étalon-type de la vis de pied, etc.

A côté, divers appareils : tout d'abord l'étalon de lumière représenté par la lampe à acétate d'amyle, dont la constance a été démontrée insuffisante depuis le dernier Congrès ; le photomètre *Mascart-Sébert;* l'appareil de MM. *La*

[1] Nous engageons nos lecteurs à lire l'excellent résumé de l'Histoire de la Chromophotographie publié par M. Ernault dans *La Photographie*, numéros de mars et suivants.

[2] Voir *L'objectif photographique, fabrication, essai et emploi*, par M. Gaston-Henri Niewenglowski. Paris, 1892.

Baume-Pluvinel et *Sébert* pour l'étude du rendement des obturateurs; le dessin du tourniquet Moessard qui figure en nature au groupe du matériel. C'est aussi là que l'on voit le premier modèle du focomètre imaginé par M. *le Dr Mergier*, chef des travaux de physique à l'Ecole de médecine de Paris, focomètre destiné à étudier complètement les objectifs photographiques. Il est fondé sur un principe très simple: *Lorsqu'un objet donne dans un système optique une image qui lui est égale, il suffit de déplacer le système optique et l'objet, l'un de la distance focale principale, l'autre d'une distance double, pour avoir une image double.*

M. Mergier avait déjà eu un prix de la Faculté de médecine pour avoir utilisé ce principe à l'étude du microscope ; nous l'ignorions, quand en octobre 1891 nous avons proposé une méthode analogue dans le *Photo-Journal*, pour la détermination de la distance focale principale d'un objectif. L'appareil de M. Mergier donne d'ailleurs, aussi bien et aussi facilement, les autres constantes d'un objectif. Sa grande précision et sa facilité d'emploi le recommandent aux opticiens et aux Sociétés photographiques[1].

[1] Voir *Notions élémentaires d'optique photographique*, par M. Gaston-Henri Newenglowski. Paris, 1893.

C'est avec lui, à notre avis, que devront être essayés les objectifs quand la France possèdera un laboratoire d'essai analogue à celui de Kew. Espérons que cela ne tardera pas. M. Mergier est d'ailleurs tout désigné pour diriger un pareil laboratoire, et nous serions heureux de le voir en prendre l'initiative.

Avec M. Mergier, nous arrivons tout naturellement à l'Exposition de la Faculté de médecine de Paris et des établissements qui en dépendent.

Le laboratoire de microphotographie de cette école supérieure, dont M. G. *Contremoulins* est le préparateur, nous fait voir diverses photocollographies de sujets anatomiques : coupes de rein, de nerfs, sang d'alouette, de pigeon, de geai ; levures diverses, etc.

M. *Burais*, préparateur de M. Pasteur, nous montre diverses préparations microscopiques de microbes : ceux de la fièvre typhoïde, de la diphtérie, les cultures de tétanos, le fameux *bacillus virgulus* du choléra nous sont bien représentés ; M. Burais nous montre aussi diverses maladies de la peau des services de Saint-Louis et des Enfants-Assistés. Citons la photographie d'un tatouage sur le dos, assez curieux, intitulé : *Le Marquis sans-gêne, et la Duchesse sans-façon.*

Nous passons à l'intéressante exposition du

service des maladies nerveuses à la Salpêtrière, dont le laboratoire photographique est dirigé par M. *Albert Londe*, l'amateur si connu. La photographie de l'atelier où opère ce célèbre praticien nous montre qu'il est bien outillé. Citons parmi les photocopies les plus intéressantes : les diverses phases d'une hystérique en catalepsie, l'attaque en arc de cercle, l'acromégalie, les écritures de nerveux, etc. Remarquons cette femme qui est tombée en catalepsie à la vue de l'éclair magnétique destiné à fixer son image sur le gélatino. Qu'elle serve de leçon aux amateurs de photographie nocturne !

L'exposition de la Salpêtrière, ainsi que, d'une manière générale, l'exposition de tout ce qui concerne la photographie médicale eût pu, ce nous semble, être plus complète. On a sans doute dû être limité par ce fait que la plupart des photographies faites à l'hôpital sont destinées aux médecins, et ne peuvent être exposées dans un endroit fréquenté par bon nombre de dames et de jeunes gens.

La chronophotographie, cette branche merveilleuse de la photographie inventée par l'illustre M. Marey, ne s'applique pas uniquement à la médecine ; tout ce qui a rapport au mouvement peut être étudié par cette méthode féconde.

M. *Marey* nous montre son appareil bien connu, ainsi que les épreuves du mouvement des divers animaux pendant leur marche ou leur vol, la circulation du sang dans une artériole du mésentère, etc.

Comme nouveauté, citons le *phonoscope* de l'habile M. *Demeny* qui, avec les phototypes colorés de M. Lippmann, est le véritable clou de l'exposition. Comme son nom l'indique, il est destiné à montrer la reproduction des mouvements des lèvres d'une personne parlant. Il faut voir avec quel entrain les dames passent et repassent devant le trou mystérieux à travers lequel elles voient les lèvres d'un homme articuler ces simples mots : *Je vous aime*.

Remarquons aussi l'exposition des photographies que M. *Demeny* a obtenues dans son voyage en Suède pour l'étude de l'éducation physique dans ce pays.

La microphotographie, outre l'exposition de la Faculté de médecine, est encore représentée par celles de M. *Ravert*, dont les coupes de diatomées sont très réussies ; de M. *Léon Duchesne*, qui emploie de forts grossissements ; de MM. *Da Cunha*, *Thouroude*, etc. Nous avons gardé pour la fin la splendide exposition de diapositives colorées de microphotographie de MM. *E. Doyen* et *F. Rothier*, de Reims. Ces diapositifs, très nets, admirablement colorés, doivent produire un excellent effet en projection, et la généralisation de leur usage ne pourrait manquer de rendre de grands services à l'enseignement médical. Citons les mycose, actynomycose, le sang, les diverses bactéries, les micrococcus, le bacille de la diphtérie, du choléra des poules, du charbon, de la terrible tuberculose, du pus blennorrhagique, etc.

La météorologie semble, si on se base sur l'exposition, ne pas faire grand usage de la photographie. Nous voyons seulement quelques épreuves de l'observatoire d'Auteuil, dirigé par M. *Moussette*, et nous représentant diverses sortes de nuages : cumulus, stratus, strato-cumulus, etc., et quelques éclairs. Les éclairs du commandant *Moessard* sont aussi très intéressants.

La photographie en ballons est assez bien représentée par MM. *G. Tissandier* et *Ducom* ; il en est de même de la photographie en cerf-volant avec le dispositif ingénieux de M. *Wenz*.

Nous n'en finirions pas si nous voulions citer les nombreuses photocopies exposées par les ministères de la Marine, de l'Agriculture, des Beaux-Arts, de l'Instruction publique, des finances de l'Empire russe, de la Société de géographie, etc., qui ne sont guère que des reproductions de documents.

Nous passerons aussi sous silence l'exposition de l'observatoire de Paris, de celui de Meudon. Tout le monde connaît les beaux travaux de M. *Jansenn*, des frères *Henry*, etc.

Nous n'expliquerons pas non plus à nos lecteurs les appareils et les épreuves d'iconométrie et de métrophotographie exposés par le colonel Laussedat, leur description étant un peu ardue.

En résumé, une visite au groupe II de l'Exposition de photographie suffit pour nous montrer à peu près l'état actuel de la photographie et de ses applications.

III

LE SALON DES AMATEURS

A L'EXPOSITION DE PHOTOGRAPHIE

La section de Photographie à l'Exposition internationale de 1889, si intéressante au point de vue de la concentration des documents et de la réunion des appareils et des procédés en usage dans les différents pays participant à cette exhibition, ne permettait pas d'apprécier le degré d'habileté des amateurs de chacun de ces pays. L'Exposition actuelle a comblé, en partie, cette lacune, et, sous ce rapport, nous ne craindrons pas de dire qu'une visite aux salons du Champ-de-Mars sera des plus fructueuses pour les amateurs.

A côté des œuvres des professionnels, forcément supérieures puisqu'elles émanent de praticiens habitués depuis longtemps à toutes les difficultés de la photographie, et obligés, comme industriels, de perfectionner les procédés existants ou d'en chercher de nouveaux afin d'attirer et de retenir la clientèle, condition *sine qua non* de la prospérité de leurs maisons. A côté de ces œuvres parfaites, disons-nous, nos lecteurs verront celles résultant des patientes études de leurs confrères, amateurs comme eux, qui, n'ayant que des loisirs et des ressources souvent fort limités, n'en sont pas moins arrivés à soutenir avec succès la comparaison avec les professionnels les plus réputés. Ils trouveront un encouragement à poursuivre avec persévérance leurs propres recherches afin d'arriver, en s'inspirant des modèles semés à profusion dans cette Exposition, à obtenir des résultats aussi merveilleux.

Le but de cette Exposition n'était pas tant, pour le groupe « amateurs », de présenter une série de photocopies d'une exécution aussi irréprochable que possible, encadrées d'une façon plus ou moins artistique, que de former une réunion d'épreuves, qui, groupées habilement afin d'attirer et de retenir le public ordinaire, puisse offrir aux intéressés une source d'études et, partant, leur donner, avec le désir d'imiter leurs devanciers, les moyens de compléter leur instruction photographique. Pour obtenir ce résultat, il n'était qu'un moyen : inviter chaque exposant à joindre à son envoi des notices indiquant pour chaque photocopie les appareils employés, la durée de la pose, les produits utilisés et les manipulations effectuées. La Commission d'organisation s'est acquittée de sa tâche d'une façon parfaite ; elle a su trouver des attractions toutes spéciales pour les amateurs en créant des conférences suivies de projections, des leçons pratiques dans des laboratoires installés à cette intention ; elle a par conséquent mérité tous les éloges ; cependant elle a omis de spécifier que chaque envoi devrait être accompagné de notices détaillées, et en présence de cet oubli il eût été d'un bon exemple que les amateurs prissent l'initiative de faire ces notices.

Une seule Société, celle des Jeunes Amateurs Photographes[1], comprenant quelle serait la valeur d'une exposition conçue de la sorte, et quel profit en retireraient les intéressés, a fourni les renseignements qui lui ont paru nécessaires pour une étude approfondie des photocopies exposées. Nous devons à la vérité de dire que quelques exposants, d'une façon moins complète cependant, ont suivi cette manière de procéder qui est en

[1] Actuellement Société des Amateurs Photographes.

somme celle usitée dans les concours privés et qui pouvait être si féconde en résultats si elle avait été appliquée d'une manière générale. Aussi n'omettrons-nous pas dans les pages suivantes de signaler à nos lecteurs, lorsque nous les rencontrerons, les rares applications de cette méthode.

Avant d'entrer dans le vif de notre sujet, nous nous arrêterons sur la défectuosité des salles au point de vue de l'éclairage. Ce vice inhérent à la construction de l'édifice, plutôt aménagé en vue d'une exposition de peinture, ne pouvait guère être atténué par la Commission chargée du placement des cadres ; mais au moins aurait-elle dû, lorsque la chose était possible, placer à la cimaise les œuvres que leur exiguïté ou leur intérêt spécial recommandait plus particulièrement à l'attention des visiteurs. Bon nombre d'exposants pourront faire leur profit de cette observation, et, afin d'éviter le retour de cette faute dans les expositions futures, ils feront bien de songer, lorsqu'ils auront des cadres de grandes dimensions, à placer leurs photocopies de façon à faire ressortir toutes leurs qualités et d'éviter que le public lassé ne se voit pas obligé de renoncer à l'examen de celles qui se trouvent hors de la portée des regards.

Les recherches d'un amateur porteront d'abord sur les sociétés photographiques dont l'extension depuis quelques années est devenue considérable ; parmi elles, le Photo-Club de Paris sera la première à éveiller sa curiosité. Cette société est, en effet, une des plus anciennes sociétés françaises, elle compte au nombre des promoteurs de cette exposition et, par le nombre de ses adhérents aussi bien que par leur valeur personnelle comme praticiens, elle mérite une attention toute particulière ; c'est elle du reste qui a fait l'envoi le plus important. Peut-être même a-t-elle dépassé les limites permises et trop cherché à établir une supériorité qu'on ne songe pas à lui contester. Nous nous efforcerons de ne pas la suivre dans cette voie, et de réduire notre compte rendu à des proportions plus modestes.

Notre examen commencera naturellement par l'envoi de M. *Maurice Bucquet*, président du Photo-Club. Ce serait lui faire injure que d'en donner une description détaillée ; disons seulement que cet envoi répond à tout ce que l'on pouvait attendre d'une personnalité aussi marquée, et dont la place en tête du mouvement photographique est connue de tout le monde. Nous signalerons toutefois comme modèle de composition le portrait d'une dame prise au moment où, sortant de chez elle, elle se gante : c'est un excellent petit tableau, traité avec un soin qui fait le plus grand honneur au sens artistique de M. Bucquet.

M. *Bonzon* présente de jolis paysages tirés sur papier aristotypique. Nous devons dès maintenant faire quelques réserves au sujet de l'appréciation des procédés de virage employés, car les reflets des glaces empêchent un examen approfondi et donnent souvent des points de ressemblance à des procédés dissemblables, ce qui pourra, dans le cours de ce compte rendu, nous amener à commettre quelques erreurs de qualification que, pour cette raison, nos lecteurs voudront bien excuser. M. *Georges Guillaume* offre à l'examen des visiteurs trois cadres, ce qui serait excessif s'ils ne contenaient de bonnes photocopies telles que ses marines ; nous mentionnerons, à part, son portrait de première communiante comme une bonne application du noir absolu produit par le vide employé pour fond, ce qui s'obtient facilement en plaçant le sujet devant une ouverture donnant sur une salle obscure.

M. *Henri Beauvoisin* expose tout un voyage en Méditerranée ; dans cette grande quantité de sites variés, dont quelques-uns présentent un charme particulier, nous noterons une vue de Messine, une autre de Venise, les pigeons de la place Saint-Marc d'un heureux effet ; les ciels sont traités avec grand soin.

M. *Binder*, d'une habileté peu commune, s'est fait un devoir de ne pas retoucher ses portraits ; c'est un bon principe, mais, sans chercher à avantager la personne dont le portrait occupe le milieu de l'un de ses cadres, il aurait pu choisir une pose qui atténuât la saillie désagréable des muscles de la figure et du cou de son modèle ; il a été plus heureux pour les portraits exposés dans son second cadre et surtout pour ses trois grands portraits au platine qui sont très bons à tous les points de vue.

M. *de Mazibourg* affectionne les fonds russes, il excelle dans l'éclairage nécessaire à ce genre et les dames qui ont bien voulu poser devant son appareil n'ont pas dû le remercier du bout des lèvres, comme cela nous arrive trop souvent, à nous, pauvres amateurs, possesseurs d'objectifs fidèles, mais peu galants. Les grands paysages de M. *Berteaux* sont très soignés, ses deux vues de Fribourg et du château de Chillon sont prises avec beaucoup de goût.

Les intérieurs présentés par M. *Dillais* sont

traités d'exquise façon ; il est vrai que les salles de palais qu'il a choisies sont très claires, ce qui lui a évité l'écueil de la mauvaise répartition de la lumière, le grand nombre de fenêtres et la surface miroitante des parquets ayant égalisé l'éclairage.

M. *Goldschmidt* obtient beaucoup de douceur dans ses portraits, en employant une fourrure qui nous a paru très belle ; mais pourquoi l'impose-t-il à toutes les personnes qui posent devant son objectif ; il aurait dû s'apercevoir que l'abus de cet accessoire produit de la monotonie et, par cela même, diminue la valeur de ses photocopies qui sont très finement exécutées.

M. *Boivin* a envoyé toute une série de photocopies monochromes, pour lesquelles il a su trouver quelques teintes agréables. M. *Gabriel* et M. *Petit* tirent un bon parti du procédé au platine. M. Petit a, de plus, un certain nombre de photocopies sur papier albuminé, parmi lesquelles des vues espagnoles qui ne sont pas sans attraits. Pour M. *Darnis*, il suffit de dire que c'est un excellent praticien doublé d'un homme de goût ; le seul cadre qu'il ait envoyé renferme peu d'images, mais elles sont choisies avec tant de bonheur et si bien encartées qu'elles donnent la meilleure opinion du talent de leur possesseur.

M. *Da Cunha* est un des membres du Photo-Club qui contribuent le plus à maintenir sa bonne renommée ; il a envoyé un lot important dans tous les genres ; nous n'en retiendrons que ses essais, au platine, croyons-nous, car ils sont trop haut placés pour qu'une confusion ne puisse se produire entre ce procédé et la photocollographie. Les portraits qu'il expose sont bons, mais il se laisse quelquefois entraîner trop loin dans la recherche de nouvelles poses.

M. *Bourgeois* obtient un légitime succès avec ses délicieux bébés, qui remporteront tous les suffrages auprès du public aussi bien qu'auprès des experts en photographie.

Mme *Batbedat* a, comme beaucoup d'amateurs, abusé de l'agrandissement ; les photocopies amplifiées qu'elle présente seraient parfaites si elles ne dépassaient pas trois fois les dimensions du cliché primitif ; nous préférons de beaucoup les intérieurs qu'elle expose. Mme Batbedat appartient à la catégorie des travailleurs, elle est en possession d'un procédé spécial dû à ses recherches et dont elle nous montre un échantillon ; d'après ce que nous avons pu en voir, ce procédé est appelé à un grand avenir, les tons obtenus sont très chauds, et l'aspect général est un peu celui des photographies aux poudres vitrifiables. Nous espérons que Mme Batbedat ne tardera pas trop à faire profiter ses confrères du résultat de ses recherches et qu'elle publiera bientôt la façon de procéder pour obtenir des épreuves semblables.

M. *Lehideux-Vernimmen* a envoyé plusieurs portraits fort soignés ; nous l'engagerons à adoucir les poses, quelques-uns de ses modèles sont trop raides; à part ce léger défaut, dont il lui sera facile de se corriger, nous le tenons pour un consciencieux praticien.

Les portraits de M. *Léon Grus* sont bien supérieurs à ses paysages ; nous avons cependant remarqué deux vues de Paris bien traitées, les différents plans en sont bien indiqués.

Mme *la duchesse d'Uzès* a envoyé quelques paysages, entre autres des vues du château de Dampierre qui sont bonnes ; mais nous n'en dirons pas autant de ses scènes de chasse sur papier albuminé, qui ont des noirs sans détails ; quant à ses agrandissements au platine obtenus probablement d'après les clichés précédents, ils sont franchement mauvais.

M. *Jules Marchand* retiendra le visiteur avec ses vues exotiques ; nous ne saurions, pour notre part, formuler un choix entre ses vues de Ceylan et celles de Java qui sont aussi remarquablement traitées les unes que les autres.

Les paysages russes de M. *A. Toutain* tirés en planitotypie sont également fort bons.

Mme la baronne *N. de Rothschild* a envoyé des photocollographies très réussies ; la vue de Tran (Dalmatie), par exemple, est certainement très belle. Mais des images de cette dimension obtenues par ce procédé exigent un déploiement de force considérable : or une dame, surtout si elle occupe la situation mondaine de Mme de Rothschild, n'est pas habituée à des efforts musculaires aussi grands. Donc..... au lecteur de conclure !

M. *Firmin Rainbeaux* a abordé différents genres : ses marines, ses scènes de chasses sont exactes, mais ses intérieurs paraissent insuffisamment fouillés dans les noirs. L'envoi de M. *J. Lécuyer*, bien qu'il soit supérieur au précédent, nous a paru posséder quelques traces du même défaut ; cependant la reproduction de l'Alhambra en platinotypie montre que cet amateur est en mesure d'obtenir de très bons résultats.

M. *Gayant* a de bonnes images, mais pourquoi, habile comme il l'est, n'aborde-t-il pas les grands formats : ses marines auraient beaucoup gagné à être agrandies ; ses paysages, qui sont de dimensions supérieures, nous ont paru préférables ; nous avons vu aussi de bons instantanés qui donneront de bons phototypes pour projections.

M. *Fernand Ratisbonne* réussit d'une façon merveilleuse les reproductions d'intérieurs, il n'est pas un coin, si noir soit-il, qui ne laisse apercevoir des détails ; nous regrettons d'autant plus, devant ce succès, que M. Ratisbonne n'ait pas envoyé une notice expliquant le procédé employé pour arriver à un si bon résultat ; les indications qu'elle aurait contenues n'eussent pas été dédaignées par les visiteurs.

Un envoi intéressant à tous égards est celui de la Société des Jeunes Amateurs Photographes [1], dont nous avons déjà eu occasion de citer le nom précédemment. Relégué dans un coin sombre, le cadre de cette Société n'attire pas l'attention tout d'abord, et nous avons eu quelque peine à le trouver ; il mérite cependant une place plus en vue. De création récente, la Société des Jeunes Amateurs n'avait qu'un laps de temps très court pour se préparer à cette

[1] Actuellement, Société des Amateurs photographes.

Exposition ; ce qui lui constituait une excuse et lui permettait de décliner l'invitation qui lui avait été adressée. Elle a préféré s'affirmer dès le début de son existence et, avec raison, elle a pensé que le meilleur moyen de marquer sa vitalité était de participer à ce concours. Les photocopies qu'elle a envoyées montrent, du reste, qu'elle aurait eu tort de s'abstenir. Nous avons remarqué tout d'abord deux photographies d'une section de la moelle, remarquablement exécutées ; l'une d'elles a été envoyée par M. *Victor Henri*, et l'autre par M. *Niewenglowski*, le sympathique président de la Société. Ce dernier nous montre aussi quelques jolies vues de Bretagne dont un sous-bois à Portrieux, bien détaillé ; ces chemins creux bretons, souvent fort mal éclairés, sont assez difficiles à obtenir avec le fini qui caractérise celui-ci. M. *Laedlein*, le vice-président, a su trouver à Thouars un petit coin bien pittoresque dont il a fait un charmant tableau. M. *Pilain* n'a qu'un seul instantané, mais il vaut à lui seul les collections de certains autres exposants ; ses paysages posés sont aussi consciencieusement étudiés, comme on peut le constater en regardant les vues du port de Dieppe et de la Marne, à Joinville. M. *Pattou* va chercher ses vues dans les bois des environs de Paris, il en rend bien la physionomie toute particulière. M. *Limozin* présente un beau portrait sur fond de verdure. M. *Victor Henri* a profité d'un voyage en Russie, son pays, pour y prendre des scènes très intéressantes qu'il a su rendre d'une manière très exacte ; celles de M. *Henri Mauban*, pour provenir de pays moins éloignés, et le portrait de M. *M. Brault* n'en sont pas moins des mieux réussis.

Bien que l'envoi de cette société comprenne beaucoup de petites épreuves, il est loin d'être banal ; son exposition sérieuse présente des éléments d'appréciation et de discussion qui font défaut partout ailleurs. Chaque photocopie est, en effet, accompagnée d'une notice donnant des renseignements sur l'objectif, la pose, le développement, etc., qui rendent l'examen très fécond au point de vue comparatif. Elle a compris toute la portée de cette réunion d'œuvres d'amateurs, et nous constaterons impartialement que, si tous les exposants avaient suivi cette voie, le succès et le profit moral qu'on eût retirés de cette Exposition eussent été considérables.

Nous nous attendions à voir la Société d'Excursions des Amateurs de photographie justifier d'une manière éclatante la considération dont elle jouit dans le monde photographique ; nous avons été quelque peu désillusionné. Le cadre de cette société contient une assez grande quantité de photocopies de valeur discutable qui n'ont même pas été encartées ; il serait inutile, par conséquent, d'y chercher les renseignements que la jeune et intelligente société dont nous parlions plus haut a si pratiquement joints aux siennes. Bon nombre de ses membres ont eu conscience de l'infériorité où les placera cette exposition, car ils ont fait des envois personnels qui, par le choix des épreuves et le soin apporté dans leur disposition, sont une protestation contre la façon de procéder de leur Comité. La Société d'Excursions a peut-être un peu trop compté sur ses succès passés, et elle a oublié que le meilleur moyen de recruter des adhérents est de suivre une voie progressante, comme le fait, du reste, chacun de ses membres ; nous avons, au surplus, la conviction qu'elle s'empressera de réparer l'erreur qu'elle vient de commettre.

La Société photographique de la Touraine, dont le siège est à Tours, est une des meilleures sociétés de province ; son envoi, qui comprend quatre cadres, prouve qu'elle est habilement dirigée. L'un de ces cadres, malheureusement trop haut placé, contient de nombreuses photocopies de M. *L. Bousrez*, qui, parmi les innombrables et charmantes vues de son pays, a su choisir des sites pittoresques. Sous différents aspects, il nous montre les châteaux d'Oiron et de la Ronce; Montreuil-Bellay a fourni aussi plusieurs vues agréables, et les salles basses de ces divers châteaux lui ont procuré d'excellentes études d'intérieur. Ces épreuves, d'une facture régulière, portent les traces de sérieux travaux sur la composition et la valeur des différents plans. Les autres cadres renferment encore quelques paysages de M. Bousrez concourant à former un agréable ensemble avec ceux de MM. *d'Espelosin*, *Jules Deslis*, *V. Bernier*, *Lemaître*, *Lesourd*, qui ont également fait une sélection parmi les paysages tourangeaux : Candes, Saint-Avertin, Amboise, Mettray défilent ainsi sous nos yeux. Peu de portraits, mais leur petit nombre suffit à montrer que les membres de cette Société réussissent aussi bien ce genre que le paysage.

Le Photo-Club de Lyon, qui occupe aussi une situation prépondérante, soutient dignement le poids imposé par son rang; mais nous avons remarqué une certaine tendance à pousser au noir. Parmi les bonnes épreuves de cette Société, nous signalerons un sous-bois grand format, très bien fouillé, c'est une jolie étude pour un peintre ; un repas champêtre d'une grande profondeur de foyer ; notée aussi une photographie nocturne qui est loin d'être l'œuvre d'un débutant.

La Société Versaillaise compte parmi ses adhérents d'habiles praticiens ; nous étions donc en droit de compter sur un envoi nombreux : notre attente a été déçue sur ce point. La réputation des photographes versaillais est établie depuis longtemps, ce serait l'amoindrir que d'insister sur la valeur des photocopies exposées ; cependant, à titre particulier, nous signalerons : un effet de neige dans le parc du château, une bonne reproduction de gravure, quelques cimes neigeuses d'un bel aspect et des images représentant des pièces d'artifices en feu et des illuminations. Cet ensemble n'est point commun, il s'en faut, mais nous eussions aimé voir cette société, rehaussant ainsi la valeur de son envoi, s'engager dans la voie si intelligemment suivie par la Société des Jeunes Amateurs, et joindre à ses photocopies des notices relatant les appareils employés et les manipulations effectuées.

Les membres du Photo-Club Rouennais avaient à profusion, dans leur pays, des paysages aux verdures abondantes, faciles à mettre en plaque, mais d'un développement laborieux, précisément à cause des masses de verdure. Ils se sont tirés, à leur honneur, de ces difficultés, et leur envoi fera classer en bon rang leur société.

Dans un cadre voisin de celui du Photo-Club, M. *Manchez* a exposé de fort jolies vues dont une, entre autres : un arbre abattu en travers d'une petite rivière avec fond de feuillage sombre, est remarquable, aussi bien comme site que comme exécution ; du reste, par son envoi, M. Manchez nous a permis de constater que le hasard n'était pour rien dans ce succès, et qu'il connaissait à fond la science du développement.

En dehors des sociétés de photographie, nombre d'amateurs ont fait des envois personnels dont quelques-uns dénotent une grande pratique alliée à beaucoup de science. De ce nombre sont les grands portraits bustes de M. *de Tréhervé*, qui nous montre aussi quelques-uns de ses phototypes d'une pureté sans rivale. M. de Tréhervé a déjà obtenu des récompenses dans différents concours, et il présente toutes les conditions requises pour figurer parmi les lauréats de cette Exposition. Ses positifs sur verre nous ont moins plu, car ceux qu'il nous a été donné d'examiner contiennent des accessoires traités avec trop d'importance, ce qui produit du papillotage, les regards ne se trouvant pas concentrés sur le sujet principal.

Mlle *Alma Lessing*, par son envoi, nous permet de compter qu'elle sera bientôt en mesure de rivaliser avec les plus habiles ; il en sera de même de M. *Drain*, lorsqu'il se sera rendu maître de son révélateur, ce qui lui permettra de donner plus de détails dans les grands noirs, et mettra mieux en relief les qualités que nous avons constatées dans ses photocopies.

M. *A. Turquet* présente d'agréables essais d'après les nouveaux procédés mécaniques. Les épreuves obtenues par ce procédé sont assez rares dans les envois d'amateurs ; aussi engageons-nous vivement nos lecteurs à les étudier, afin de se rendre compte des ressources que peut procurer ce genre de tirage.

M. *Frémy* a évidemment des phototypes défectueux, ce qui le conduit à pousser trop loin l'insolation de ses photocopies pour obtenir plus de détails, et par conséquent produit de la dureté; nous avons vu cependant quelques épreuves, comme son calvaire breton, qui, ne présentant pas ce défaut, était d'un aspect agréable. Le cadre de M. *Buisson fils* renferme des photocopies d'un tirage régulier et d'un ton agréable ; les paysages ont été attentivement développés.

Le portrait paraît être l'objet d'une préférence chez M. *de Condeixa ;* ceux qu'il a envoyés, quoique souvent compliqués comme pose, n'en sont pas moins réussis, ainsi que ses vues d'intérieur. M. *de Montal* a d'heureuses perspectives et de bonnes vues de montagnes ; il s'est exercé aussi à l'instantané, et sa petite voiture de chiens, quoique n'étant pas très nette, n'en est pas moins digne d'être signalée.

M. *Drincourt* s'occupe de la reproduction des œuvres d'art ; son envoi présente un attrait tout particulier, car ses reproductions sont excellentes. Il nous a semblé toutefois qu'il n'avait pas toujours employé des plaques isochromatiques.

Pour diverses raisons qu'il serait trop long d'expliquer dans cette brochure, les agrandissements au platine demandent peut-être, plus encore que ceux effectués par d'autres procédés, à être vus d'un peu loin ; ceux de *M. Demachy* ne font pas exception à cette règle, et ils eussent beaucoup gagné à être placés plus haut qu'ils ne le sont.

Nous avons vu avec plaisir que M. *le docteur*

Holman et son habile collaboratrice, Mme *Holman*, ont eu l'heureuse idée de joindre à quelques-unes de leurs photocopies des notices indiquant les procédés employés pour leur obtention. Cette manière de présenter un envoi, quoique moins complète que celle que nous avons signalée plus haut à propos de la Société des Jeunes Amateurs, est trop rare pour que nous ne nous attardions pas à féliciter le docteur Holman de son initiative ; du reste les épreuves sur papier albuminé, comme celles obtenues par le procédé dit au charbon, qu'il a exposées, témoignent d'une grande expérience.

M. *Honoré Lepesqueur* a réuni dans des cadres richement ornés un bon choix de paysages, agréablement disposés. Son voisin, M. *S. Pector*, a envoyé une jolie collection de vues prises tant en France qu'en Suisse. M. Pector est de ceux qui ne croient pas qu'il suffise de faire grand pour faire bien, et il le démontre victorieusement.

Le *docteur Love* possède une jolie collection de portraits qui nous fait regretter de ne pas voir son talent appliqué à la reproduction de quelques sujets scientifiques qu'il lui serait facile de trouver et de reproduire avec fidélité.

Avec *M. Bégule* nous sortons des sujets ordinaires ; cet exposant est peintre et il a appliqué les ressources du procédé isochromatique à la reproduction de ses vitraux ; c'est dire qu'il a obtenu des résultats mettant en relief sa valeur artistique. Les deux charmantes marines de M. *Clément Villiams*, placées à côté de l'envoi précédent, auraient tout à craindre de ce voisinage si, par elles-mêmes, elles ne produisaient un bel effet décoratif.

M. *Malatier*, de la Société française de Photographie, doit posséder une collection agréable à consulter si l'on en juge par les spécimens qu'il nous montre ; à des vues des villes méditerranéennes il a joint de bons instantanés de vélocipédistes et quelques scènes animées accompagnées de légendes humoristiques qui jettent quelque gaîté dans ce coin. Nous lui signalerons que certaines de ses photocopies auraient été meilleures encore s'il les avait tirées sur du papier albuminé ; en effet, le procédé aristotypique, le papier au citrate d'argent et les autres produits similaires qui paraissent convenir parfaitement à des œuvres d'exposition par leur bel aspect et la finesse qu'ils permettent d'obtenir, donnent quelquefois un effet contraire à celui recherché, car cette finesse de détails, ce glacé si agréable à l'œil donnent souvent de la fadeur.

Les instantanés de M. *Ponti* sont de dimensions assez grandes : il n'est donc pas surprenant qu'il n'ait pas obtenu toute la netteté désirable ; cependant ses deux ou trois scènes de sauvetages exécutés par des pompiers ne sont pas sans mérite. M. *Gysselp* a des portraits d'une pose un peu cherchée, nous préférons l'araignée monstrueuse qu'il a représentée avec beaucoup d'exactitude. M. *de Jouravleff* saisit avec adresse le côté pittoresque d'un paysage, mais le succès qu'il obtiendra eût été bien plus grand si, au lieu du procédé au platine, il eût employé un virage et un papier donnant moins de froideur. M. *Laporte* cultive le genre humoristique ; son joueur de flûte plongé jusqu'à mi-corps dans un étang lui vaudra un petit succès que ne diminuera pas l'examen des images plus sérieuses qui l'accompagnent. M. *C. de V...*, tout en nous laissant ignorer son nom, nous apprend que les *Annales photographiques* lui ont décerné une médaille : il est certainement très habile, mais, si nous considérons la récompense qui lui a été décernée, peut-être douterons-nous qu'il ait envoyé ce qu'il a de meilleur dans ses cartons. Les scènes militaires de M. *de Montgolfier* sont saisies avec à-propos, ses paysages sont très bons ; un timide essai de notices explicatives est à signaler à l'actif de M. de Montgolfier.

Mlle *Jeanne Meunier* a beaucoup de petites épreuves, ses portraits sont bons et l'ensemble de son envoi satisferait les plus difficiles ; nous lui ferons remarquer toutefois que l'emploi trop fréquent du même fond produit de la monotonie et lasse l'attention du visiteur. M. *Durand* a été très heureux dans le choix des vues qu'il a photographiées.

M. *Desmaret* a tenu à justifier les récompenses qui lui ont déjà été accordées, son important envoi est remarquable à tous égards ; ses effets de neige dans la forêt de Fontainebleau, ses écoles à feu aussi bien que ses vues de plages sont remarquables et lui attireront sans aucun doute de nouvelles félicitations.

Le reproche qui pourrait être fait à nombre d'amateurs au sujet de la dureté des photocopies pourrait être appliqué à M. *Pierre d'Orfeuille*, qui avec un peu d'attention obtiendra des irréprochables. M. *Terrade*, sans aller bien loin, a su trouver des sujets intéressants et qu'il a fort bien traités. Ses vues du théâtre de la Reine à Trianon sont bonnes, et ses plafonds bien reproduits. M. *Jules Brard* et M. *Berthe-rand de Chançay* ont envoyé de bonnes compositions, mais nous leur préférons les photocopies de M. Terrade.

M. *L. Beau* justifie ce que nous disions précédemment de la Société d'Excursions des Amateurs photographes dont il fait partie ; il eût été fâcheux qu'il s'en tînt à l'envoi collectif de la Société. Les vues qu'il expose ont été prises pour la plupart en Algérie, et il les a rendues avec une telle maestria que plus d'un amateur en les regardant se sentira pris du désir de le suivre au pays du soleil et d'en rapporter d'aussi charmants souvenirs ; nous citerons principalement : une Mendiante à Alger, le Jardin d'essai, le Chemin romain, une vue de Rummel. M. Beau laissera certainement les meilleurs souvenirs dans l'esprit des visiteurs. A côté de lui, M. *Hirsch* offre un exemple des défauts de l'agrandissement ; si l'amplitude de ses phototypes n'avait pas été exagérée, le manque de détails dans les ombres eût été moins apparent.

L'uniformité résultant d'une réunion aussi grande de sujets à peu près semblables qui n'ont pas les ressources de la couleur pour raviver l'intérêt est le défaut principal d'une exposition de photographie; pour sa part, M. *Collin* aura contribué à varier l'aspect général par les excellentes reproductions de gravures qu'il a envoyées. Les positifs sur verre produisent aussi une diversion agréable, ceux de M. *Lavalette-Weinknecht* sont bons, mais nous ne saurions en dire autant du portrait sur opale qu'il a envoyé et dont la mauvaise mise en plaque est par trop apparente.

Nous avons déjà eu l'occasion de citer le nom de M. *Honoré Lepesqueur*, il revient sous notre plume à propos de l'examen des photocopies sur verre. Celles qu'il a envoyées sont agréables à voir. Du reste, le meilleur critérium dans une exposition semblable à celle-ci, c'est l'examen des phototypes et M. Honoré Lepesqueur a fait un choix parmi les siens et nous les montre : c'est donc qu'il a conscience de son habileté. Nous nous plaisons à le constater.

Nous retrouverons également plus loin le nom de M. *Ch. Dessaux* qui a également envoyé un nombre respectable de photocopies sur verre. Son talent qui s'affirme par ses photocopies sur papier perce de même ici ; ses groupes algériens sont bien réussis; nous avons surtout remarqué un instantané pris dans une fête publique où tout est bien à sa valeur. Ses études de réflexion à l'aide de miroirs sont fort originales, encore que quelques-unes d'entre elles nous aient laissé assez froid.

Les photographies hippiques de M. *Royer* ne sont pas toute d'égale valeur, mais quelques-unes d'entre elles donnent cependant une opinion favorable de l'habileté de cet amateur, opinion confirmée par l'examen de ses paysages; nous préférons toutefois les reproductions au platine de M. *Chamotte-Romeuf*.

Un architecte, M. *Clément*, s'est, par similitude de genre, adonné à la reproduction des monuments et des œuvres d'art; sa collection d'intérieurs de cloîtres, de trésors d'églises, de cathédrales renferme de précieux documents [1].

M. *Ch. Mathieu* a envoyé plusieurs photographies exécutées pendant la nuit; c'est une tentative qui vaut la peine d'être remarquée et encouragée, car on peut trouver des effets nouveaux particulièrement dans les ciels qui seraient fort utiles aux peintres.

Les photocopies de panoramas obtenues à

[1] M. Clément a tenu à montrer qu'il excellait aussi dans les autres genres, et il a placé dans un stéréoscope une jolie collection de paysages et diverses scènes bien rendues.

l'aide de poses successives n'étaient pas rares autrefois ; aujourd'hui elles sont moins communes puisque des appareils spéciaux donnent des résultats supérieurs tout en évitant les poses successives. Aussi, à part la vue de Jérusalem dont les raccords et le virage sont exacts, n'avons-nous pas remarqué beaucoup d'applications de cet ancien procédé. A côté de ce panorama, M. *Blazy* a exposé quelques paysages qui sont réussis, mais cependant nous leur reprocherons d'être un peu trop noirs ; il a envoyé aussi trois autres panoramas de moindre importance que celui de Jérusalem, mais qui ne sont pas sans mérite.

M. *Jubert* de la Société d'Excursions des Amateurs de photographie a jeté son dévolu sur l'Egypte, et ce qu'il nous en montre nous permet de voir qu'il a su tirer profit de son voyage.

MM. *Lefèvre-Pontalis* et *S. Sénoch* jouissent tous deux d'une ancienne renommée qui ne s'est pas démentie en cette circonstance. Le premier nous montre plusieurs paysages méditerranéens où les palmiers se détachent vigoureusement sur le ciel ; nous avons également remarqué un enroulement de vague exactement reproduit. Le second s'est attaché plus particulièrement au procédé au charbon dont il connaît toutes les ressources.

Nous avons eu occasion précédemment de parler de M. *Ch. Dessaux* à propos de ses positifs sur verre. Indépendamment de cet envoi, cet amateur en fait un autre de photocopies sur papier, beaucoup plus considérable puisqu'il couvre tout un des panneaux de la salle. Un examen détaillé en serait long et fastidieux; nous nous contenterons de dire que de cette multitude d'images se dégage une mesure exacte du talent de M. Dessaux.

Voici encore un autre médaillé d'un des concours institués par les *Annales photographiques*, M. *Charles Lemaire;* il nous rappelle le souvenir de nos excursions passées par une série de vues des bords de la Marne; ces vues, bien que habilement prises, n'ont pas le cachet d'études personnelles que présente ses portraits dans lesquels il s'est attaché à rendre différents jeux de lumière; sous ce rapport celui qui est intitulé « Au coin du feu » est un Rembrandt bien étudié.

M. *Jarry-Deloge* a des paysages bien développés et encore mieux virés; nous avons vu aussi dans le cadre de M. *Ancelot* quelques bons paysages.

Les animaux exposés par M. *Coste* sont peut-être les meilleurs que nous ayons rencontrés dans cette exposition, et le virage qui doit être à base d'osmium est fort bien approprié à ce genre de sujet.

M. de *Rothschild* a envoyé de bonnes photocopies au platine et deux vues de Saint-Cloud et de Chantilly de grandes dimensions; ces deux vues sont très belles et, si elles ont été effectuées sans le concours d'un praticien expert, elles donneront une haute idée du goût de l'amateur qui a su mener à bien une entreprise aussi difficile.

De tout temps le portrait en plein air a été considéré comme une source de mécomptes pour l'opérateur. M. *Constant-Robert* est parvenu à obtenir ce genre de portraits sans qu'on puisse établir de différence avec ceux faits dans un atelier où la lumière est maîtrisée; il est du reste assez habile pour se dispenser de faire des retouches; à ces portraits il a joint d'intéressantes scènes prises dans les abattoirs et de curieux portraits d'un policier dont on peut suivre les diverses transformations.

M. *Ferry*, de la Société française de Photographie, a envoyé également un portrait remarquable : c'est un portrait-buste demi-nature, photocopie directe ; ses autres épreuves ne manquent pas de valeur, mais elles sont écrasées par les encadrements, originaux certes, mais beaucoup trop lourds dont il les a revêtues.

M. le docteur *Bouchard* a rempli un gros album de vues prises aux environs de Saumur et de scènes militaires. Cet album est très intéressant à feuilleter ; les instantanés qu'on y rencontre sont bien nets, quelques-uns d'entre eux sont particulièrement intéressants, tels ceux qui représentent un carrousel à l'École de cavalerie. Peu d'instantanés pourraient rivaliser avec ceux que nous avons vus dans cet album. M. *Georges Lecointre*, de la Société française de Photographie, à côté de bons paysages, expose une photocopie aux poudres vitrifiables d'un joli ton, mais que sa position inclinée empêche d'examiner avec fruit.

Parmi les œuvres hors de pair envoyées par les amateurs on doit compter les deux têtes presque de grandeur naturelle exposées par M. *Chabrier*, qui, à la grâce de la pose, allient la pureté de l'exécution.

La photographie sur émail, qui offre cependant tant de variétés dans ses applications, nous a paru un peu délaissée par les amateurs, aussi ne manquerons-nous pas de signaler les spécimens envoyés par M. *Benoist* qui paraît s'être approprié toutes les ressources de ce procédé.

Comme beaucoup d'amateurs, M. *Alphonse Bessier* a des photocopies trop noires, ce qui enlève bien du charme à ses paysages. Ce défaut n'est pas à reprocher à M. *Rouchonnat* qui expose de clairs positifs sur verre comprenant une série de vues prises en Suisse et en France.

Nous avons une grande vitrine hermétiquement close contenant de bonnes reproductions de gravures que nous croyons pouvoir attribuer à M. *Louis Poinsot* dont une carte de visite figure à côté des photocopies exposées.

L'envoi de M. *Delaborde* est d'un bel aspect, mais certaines irrégularités que nous avons remarquées nous laissent croire que cet amateur apporte un peu trop de hâte dans ses manipulations.

Nous devons une mention toute spéciale à l'élégant envoi de Mme *Viez-Bourgeois*, comprenant une série de portraits dont quelques-uns de dimensions assez grandes. Ces portraits exécutés à l'aide de réflecteurs doivent être signalés aux amateurs appelés trop souvent à faire des portraits dans des appartements mal éclairés. En les examinant attentivement, ils verront quelles ressources leur procurera un emploi judicieux des miroirs et des écrans.

M. *Vauquelin* a fait une agréable composition d'une petite scène militaire bien connue : un soldat recourant à l'aide d'un camarade et se faisant laver la doublure de son dolman endossé à l'envers pour la circonstance. Le sujet est bien traité et fait regretter que les paysages n'aient pas été plus soignés.

Les vues alpestres de M. *Giraud* de Grenoble sont mieux étudiées, et certaines d'entre elles ont des horizons de montagnes très harmonieux.

A l'envoi de M. *du Puytïson*, qui a cependant quelques paysages assez fins, nous préférons celui de M. *le comte des Fossez* qui paraît avoir apporté beaucoup de soins dans la recherche de ses vues et qui, en outre, nous montre des intérieurs d'églises dans lesquels il a évité le halo produit par les fenêtres.

M. *Conscience* n'a envoyé que des portraits. Il doit faire très ressemblant, mais ses images ne sont pas agréables à l'œil, elles sont froides et ne paraissent pas assez détachées du fond.

M. *Waubert* a abordé un sujet bien délicat avec ses instantanés à grande vitesse ; nous ne dirons pas qu'il a entièrement réussi, mais ses photocopies de cavalier exécutant divers exercices de manège, pour n'être pas très nettes, n'en sont pas moins des plus intéressantes.

M. *Jacques Lehideux*, tant en portraits qu'en paysages, a envoyé une bonne réunion de photocopies.

M. *Herrenschmidt* aime trop à varier ses études; s'il s'attachait à perfectionner ses connaissances dans quelques-uns des procédés qu'il a abordés, il arriverait certainement à un résultat plus satisfaisant; ses photocopies de portraits au magnésium et ses reproductions de gravures le prouvent surabondamment.

M. *Naudot* possède un appareil à main avec lequel il obtient dans des dimensions assez grandes de bons instantanés de paysages, mais il oublie que l'instantané n'a de valeur que lorsqu'il est appliqué à la reproduction de scènes animées, et ses paysages sont vraiment trop peu mouvementés. Nous préférons les deux grandes vues au platine qui sont placées au-dessus de son cadre.

M. *Morton* est un modeste qui aurait pu sans crainte mettre plus en relief le petit nombre de photocopies qu'il a envoyées. Ses intérieurs d'églises sont très harmonieux.

M. *Legendre* à quelques bons paysages a joint

un panorama qui manque un peu de netteté et deux bons portraits au platine.

M. *Pineiro* a également de bons portraits au platine, mais il n'a pas assez proportionné la dimension du sujet à celle de la plaque. Nous l'engageons à monter quelques-uns de ces portraits sur grandes marges, et il verra qu'elles paraîtront moins lourdes.

Par un bizarre concours de circonstances, presque toutes les vues de M. *Hintze* sont prises de points élevés : il en résulte un ensemble un peu monotone, surtout si l'on s'arrête devant son intérieur de serre qui est pris dans les mêmes conditions.

Nous avons vu un très grand panorama de M. *Mathieu* représentant une chaîne de montagnes ; à la hauteur où il est placé il nous a paru bien raccordé, mais le ciel semblait défectueux ; néanmoins, même avec ces petites imperfections, c'est une œuvre qui mérite l'attention.

M. *Demaria* a envoyé une collection de photocopies en 9×12 contenant de bonnes vues prises en France et à l'étranger.

M. *Coron*, à Méru, emploie des plaques de plus grandes dimensions. Mais quelle idée a-t-il eue d'émailler ses photocopies : c'est un procédé suranné qui, heureusement, a fait son temps ; s'il est encore acceptable pour des portraits, il est horrible pour le paysage. Du reste, si M. Coron a parcouru les salles des amateurs il aura vu qu'il était le seul qui utilise encore ce procédé. Ses épreuves sont de plus un peu noires, mais nous devons constater qu'il a indiqué l'objectif dont il s'est servi.

M. *Fenet*, de Beauvais, son voisin, a fait connaître également l'objectif qu'il emploie, et, étant donné les résultats qu'il en obtient, ce serait une bonne réclame pour le fabricant qui l'a fourni, n'était la réserve où nous voulons nous tenir sur ce sujet.

M. *Paul Vincent*, de Paris, a exposé de bonnes photocopies de paysages et des vues de cathédrales.

M. *de la Tour du Pin Verelause* a également une bonne vue de cathédrale : c'est celle de Lourdes ; nous la signalons d'autant plus volontiers que ce point de vue est difficile à prendre, les visiteurs pourront le constater par une seconde épreuve placée dans une autre salle. Il y a joint des paysages assez bons et surtout des portraits d'enfants que ne renierait pas un professionnel, et des effets de neige très finement rendus.

M. *Chevalier* paraît réussir plus particulièrement les groupes ; ceux qu'il a envoyés sont bien combinés.

Mlle *de Luynes* a envoyé quelques portraits présentant de bonnes qualités ; un entre autres obtenu à la lumière du magnésium est à peu près exempt de l'aspect blafard produit par ce genre d'éclairage. Les épreuves au platine nous ont paru moins bonnes, cela tient probablement au virage adopté.

M. *Flannery* a groupé avec art quelques enfants, genre difficile s'il en fût.

Les paysages de M. *Lavalard* sont bien traités, mais ils nous ont paru un peu ternes, le développement ne serait-il pas excessif? Nous préférons, et de beaucoup, les agrandissements envoyés par cet amateur.

M. *Boisard*, à Lyon, a de bons paysages qu'il a su avantager en choisissant un virage aux tons chauds faisant bien valoir les blancs du papier.

Ceux de M. *Drain* doivent être défectueux comme développement ; nous avons cependant remarqué une vue de la cascade de Saint-Cloud fort bien exécutée et qui nous prouve que, s'il étudie les excellents traités sur la pose et le développement que tout amateur sérieux doit avoir dans sa bibliothèque, il arrivera facilement à obtenir des résultats parfaits.

M. *Alvarado*, de Costa-Rica, a envoyé de très bons portraits ; l'objectif qu'il emploie doit être d'une bonne marque, mais nous pensons que ces portraits auraient gagné à ce que les tentures qui forment le fond fussent un peu floues, ce qui aurait mis plus en relief le sujet principal ; nous aimons mieux les grands portraits au platine qui accompagnent cet envoi.

Cette première Exposition de photographie, comme le seront probablement celles qui lui succèderont, est internationale. Peu de sociétés étrangères et encore moins d'amateurs isolés ont répondu à l'appel qui avait été lancé. Cependant quelques envois venus de pays éloignés sont réunis dans les salons du Champ-de-Mars. Dans le compte rendu que nous allons en donner, nous réunirons par pays les sociétés, les amateurs isolés et les professionnels.

La Suède nous est présentée sous un aspect enchanteur par M. *Adelsköld;* ses épreuves sont d'une grande régularité de tirage. M. *Blom* complète cette bonne impression par les jolis paysages qu'il a envoyés.

La *Société impériale de Moscou* nous montre

par ses photocopies de sujets anatomiques que la science est en faveur chez elle. Il est fâcheux qu'à côté de ses bons paysages elle n'ait pas placé une plus grande quantité d'effets de neige qui, dans ces régions plus que partout ailleurs, doivent être si intéressants et qui eussent été de bons sujets d'étude pour nos photographes français. L'ensemble des œuvres exposées indique que nous sommes en présence d'une société pleine d'avenir. Le cadre de cette société est fort grand, et il ne nous a pas été possible, à notre grand regret, de connaître le nom de tous les exposants. Nous pouvons cependant citer une bonne vue de plage rocheuse de M. *Barouschine* de Moscou, qui a fait aussi un envoi spécial comprenant de jolis paysages russes et surtout un clair de lune bien rendu. M. *Matterne*, de Moscou, a fort bien traité un dessous de bois. M. *Admer Mered* se distingue par l'envoi d'une marine ayant pour premier plan un bateau sous voiles très bien détaillé. M. *G. Kolb*, de Moscou, a envoyé de bonnes photocopies, parmi lesquelles une reproduction de tableau et un portrait sur opale qui lui fait honneur.

La Suisse est le pays d'élection des photographes ; chacune de ses vallées renferme une profusion de motifs pittoresques. M. *Andréossi* a donc pu trouver sans peine des sites attrayants; ceux qu'il a choisis ont été traités avec habileté, ses paysages sont charmants, et ses montagnes offrent de bons contrastes de blanc et de tonalités chaudes. Pour rendre plus fructueuse l'étude de ces vues, M. Andréossi les a complétées par l'adjonction de notices explicatives.

M. *J. Rossi* a fait un envoi d'une valeur au moins égale, ses vues choisies avec beaucoup de discernement sont encartées avec goût. On voit que M. Rossi prend plaisir à surmonter tous les obstacles qu'il rencontre dans ses études photographiques. Nous avons remarqué principalement de bonnes marines et des effets de neige peu communs; le paysage désigné sous le titre « Le long du Rhône » est un véritable tableau, et les douze scènes de fenaison réunies sous la légende « L'été à la campagne » sont de bons instantanés.

Si de la Suisse nous passons à l'Italie, nous constatons une infériorité assez sensible, ce n'est pas que la science et la pratique paraissent manquer aux exposants italiens, mais leurs photocopies sont inégales et n'ont pas souvent le charme que présentent celles des amateurs suisses. L'envoi de M. *Joseph Primoli*, qui comprend des photocopies encadrées et un album, est supérieur à celui de M. *Luigi Primoli*. Nous avons surtout remarqué de petites photocopies au platine qui feraient de délicieuses illustrations. M. *Ferrari* a été trop prodigue pour la décoration de son envoi ; la lourdeur qu'il a obtenue est accrue encore par la disposition, originale peut-être, mais peu élégante à coup sûr, de ses images et qui nuit beaucoup à l'examen de ses photocopies qui cependant ne sont pas sans valeur. M. *de Molfetta* a envoyé, de Milan, quelques bons portraits aux poudres vitrifiables. Quelques-uns d'entre eux sont peut-être un peu voilés.

La *Société portugaise Gremio Portugez photographicos* paraît comprendre quelques membres encore un peu inexpérimentés; néanmoins l'ensemble de son exposition est des plus satisfaisants et prouve qu'elle saura conquérir rapidement une bonne place.

La *Société Royale de Portugal* offre plus de régularité dans son envoi ; nous avons remarqué de bons paysages et des portraits habilement posés, nous avons vu aussi un avant de navire défoncé assez bien exécuté pour former une pièce juridique indiscutable.

La Belgique est représentée par M. *Cadot-Peltzer*, de Bruxelles, qui a traité avec un égal bonheur deux genres bien opposés; son cadre contient de précieuses photocopies astronomiques, et son album une collection de vieilles dentelles qui exciteront l'envie de bien des visiteuses.

M. *Bain*, président du Camera-Club de Saint-Louis (Amérique), nous initie à quelques détails de la vie au nouveau monde ; nous avons remarqué un incendie d'une réalité saisissante.

Nous terminerons cette longue nomenclature par les noms de MM. *Danielseg*, de Copenhague, *Swensonn*, *Stolten* et *Simonensen*, de Suède, qui, comme industriels, ne le cèdent en rien à leurs confrères des régions moins hyperboréennes.

LE SALON DES PROFESSIONNELS

(Ier ET Ve GROUPES)

PHOTOGRAPHIE ARTISTIQUE. — PHOTOGRAPHIE INDUSTRIELLE

Il serait injuste de ne pas dire quelques mots des professionnels qui ont contribué, dans une large mesure, à la réussite de cette Exposition; mais il est superflu de s'arrêter à démontrer les qualités artistiques qui distinguent nos photographes français. Une visite aux salles qui leur sont réservées édifiera complètement ceux qui pourraient conserver des doutes sur ce sujet.

Nous devons placer en première ligne M. *Bellingard*, de Lyon, qui obtient un succès considérable et des plus mérités. Son envoi ne comprend que des photocopies au charbon, et se compose de quelques grands portraits de personnages connus, principalement d'artistes lyriques, exécutés avec une netteté et une douceur de ton sans pareilles. A côté figurent deux bouquets, l'un de pivoines et l'autre de chrysanthèmes, de même format que les portraits, et qui excitent au plus haut point l'admiration du public ordinaire aussi bien que des connaisseurs. Parmi toutes les qualités de ces deux tableaux, celle que les amateurs apprécieront le plus est la perfection de la mise au point qui, par quelques sacrifices habilement faits, met en vigueur la partie centrale du bouquet.

L'envoi de M. *Caron*, d'Amiens, attire moins les regards, mais les amateurs sauront le distinguer et étudier attentivement les différentes parties dont il se compose. La grande reproduction sur papier albuminé de la cathédrale d'Amiens les laissera rêveurs, eux qui, pour la plupart, peuvent à peine aligner deux cuvettes 9 × 12 dans les réduits où ils sont relégués sous prétexte que la photographie « c'est sale et ça tient de la place » ; mais, à côté de ce tour de force, ils verront des qualités autrement sérieuses. Il leur suffira pour cela d'étudier les photocopies relatives aux célèbres boiseries de cette cathédrale ; ils verront avec quels détails et quelle harmonie elles sont traitées. Si ces preuves du talent de M. Caron ne leur suffisaient pas, ils pourront facilement en trouver d'autres en examinant le reste de son envoi.

Le grand paravent de M. *Otto* est d'une conception originale; chacun de ses panneaux contient un portrait au platine fort bien exécuté, entouré de petits portraits ou de groupes tirés en vignettes d'une délicatesse exquise. Nous laissons de côté, bien entendu, pour tous les industriels, le côté matériel du tirage des photocopies qui est un des points les plus élémentaires de leur profession.

M. *Beckel*, à Glarus, a également de bonnes épreuves au platine dont un groupe de deux personnes de dimensions formidables.

La *Photographie universitaire* a su présenter de façon intéressante des photocopies d'un genre un peu banal à force d'être répandu.

M. *Soler*, à Alger, a quelques bons portraits, mais ce qui distingue surtout son envoi, c'est un effet de soleil sur le Lac Salé, à Tunis, dans lequel le halo a été complètement évité ainsi que le voile ; le soleil, qui faisait face à l'objectif, est traduit par un point noir.

M. *V. Courteux*, à Reims, a des portraits fort bien compris comme pose, le tirage en est soigné, l'ensemble de son envoi est des plus artistiques.

La maison *Disderi* a fait de son côté un envoi qui ne présente rien de particulièrement saillant, étant donné que depuis longtemps elle est connue du public. Ses photocopies, faites avec beaucoup de goût, n'amoindriront pas son ancienne réputation ; cependant nous préférons les agrandissements de M. *Forgeot*, qui présentent un souci évident de la recherche de la perfection.

Les différentes applications industrielles de la photographie sont représentées dans ces salles. Nous avons remarqué de bons clichés sur cuivre, envoyés par M. *Peret.*

M. *Arm. Kahn*, de Milan, nous a initié à ses essais de photogravure en creux ; les résultats qu'il a déjà obtenus sont assez satisfaisants pour nous permettre d'espérer que dans quelques mois nous serons dotés d'un nouveau procédé dû à ses laborieuses recherches.

Nous avons pris plaisir à examiner les excellents émaux de M. *Mathieu-Deroche*. Ce procédé appliqué par des praticiens aussi habiles donne des résultats merveilleux.

Les positifs sur verre provenant des maisons d'édition sont intéressants à examiner, ils sont obtenus avec une régularité qu'atteindrait difficilement un amateur. Ceux de MM. *Block*, *Levy* et *Vitry*, encadrés dans des épis, font un très bon effet. M. *Vitry* se distingue de ses confrères par l'envoi de quelques préparations microscopiques bien nettes.

MM. *Boussod* et *Valadon* ont envoyé quelques-unes de ces délicieuses reproductions en noir ou en couleur que tout Parisien a pu voir depuis longtemps exposées dans leurs magasins.

M. *Ducos du Hauron* expose des photocopies en couleur obtenues par le procédé dont il est l'inventeur. Son envoi excite l'étonnement des visiteurs; pareil fait s'était déjà produit à l'Exposition Universelle. Il est incontestable que la découverte de MM. Ducos du Hauron et Cros avait, jusqu'à celle de M. Lippmann, une importance considérable, et qu'au point de vue des reproductions à plusieurs exemplaires elle conservera longtemps le premier rang. Les tons obtenus sont d'une justesse surprenante, mais peut-être manquent-ils de cette fraîcheur qui fait le charme des originaux reproduits.

Quelques maisons se sont spécialement consacrées à la photocollographie. Il n'est pas un de nos lecteurs qui n'ait eu entre les mains une épreuve sortie des presses de la maison *Michelet* qui, à côté des éditions spéciales avec illustrations, a organisé un important service de photographie commerciale. Les divers spécimens envoyés par M. Michelet justifient la faveur qui accueille toujours les productions de son atelier.

L'Algérie possède un établissement du même genre que le précédent dont sortent un grand nombre d'œuvres artistiques ; c'est celui de M. *Gervais-Courtellemont*. On ne manquera pas d'admirer le grand panorama d'Alger, véritable pièce de collection qui signale son envoi à l'attention du visiteur. Comme illustrations, cet exposant a envoyé quelques scènes, telles que sa Mauresque au cimetière, traitées avec un souci du texte à illustrer qui lui fait grand honneur.

M. *Thévoz*, de Genève, a rendu d'une façon agréable les sujets alpestres, mais ses épreuves, moins ensoleillées que celles de son confrère algérien, sont quelquefois un peu froides.

LA SECTION OUVRIÈRE

Les modestes collaborateurs qui contribuent à établir la bonne renommée des maisons françaises ne pouvaient être exclus de cette Exposition. Aussi a-t-on réservé une place pour ceux de ces professionnels qui ont voulu y participer. C'est ainsi que nous avons pu voir les excellentes peintures de M. *Kimmerlin*, et de fort bons agrandissements sur toile, bois, ivoire, etc.

M. *Quinsac* a envoyé des impressions phototypiques. Tous les amateurs connaissent depuis longtemps les œuvres de cet industriel qui a illustré d'une façon artistique nombre de volumes consacrés à la photographie.

La retouche est une des branches de la photographie industrielle qui a toujours eu une grande importance. Si nous ne craignions de tomber dans des redites, nous dirions même qu'on lui a fait dans le portrait une place beaucoup trop considérable. Parmi les retoucheurs qui ont envoyé des épreuves, nous citerons MM. *Paul*, *Monroché*, *Pétrus*, *Picard* et *Machard*, comme paraissant doués des qualités nécessaires dans cet art.

Les opérateurs-tireurs sont à l'Exposition moins nombreux que les retoucheurs ; nous avons remarqué surtout les bonnes platinotypies de M. *Klenschi*.

Enfin, nous nous sommes arrêté longuement devant l'envoi de M. *Dubois* qui opère avec la dextérité d'un prestidigitateur des substitutions de fonds, remplaçant un fond défectueux ou peu en rapport avec le sujet photographié par un autre mieux approprié.

Les amateurs auront tout intérêt à ne pas dédaigner ce coin de l'Exposition, car ils pourront trouver d'utiles exemples dans les épreuves envoyées par des praticiens qu'un long exercice de leur profession a rendus, pour la plupart, fort habiles.

CONCLUSION

INFLUENCE DES SOCIÉTÉS PHOTOGRAPHIQUES

Quelles conclusions tirerons-nous de cette Exposition ? Elles sont nombreuses et de divers ordres.

Nous constaterons de prime abord que les amateurs obtiennent des résultats sensiblement égaux à ceux des professionnels. Leurs œuvres ont un caractère d'intimité qui manque toujours à celles des photographes de profession ; pour les paysages même ils chercheront de préférence de petits coins agrestes qui auraient échappé ou eussent été dédaignés par les professionnels plus enclins à prendre des vues d'ensemble d'un placement facile dans leur clientèle.

On pourrait reprocher à une petite quantité des amateurs de connaître insuffisamment les règles du développement; le temps de pose aussi est quelquefois irrégulier, mais, de ceci, ils sont excusables puisque jusqu'à ce jour on n'a pu trouver un procédé vraiment pratique pour le calculer. Il résulte de ces deux défauts, augmentés parfois d'une impression trop prolongée de la photocopie, que quelques amateurs ont une tendance à pousser au noir. Ceux des exposants qui font partie de sociétés photographiques trouveront une aide puissante dans leurs comités d'études pour se corriger de ces défauts, les autres devront redoubler d'attention, et multiplier leurs essais pour arriver à s'en défaire également.

Nous voyons aussi que les anciens procédés ou plutôt ceux qui ont paru il y a quelque dix ans sont encore fortement implantés, ce qui laisserait croire que les avantages des récentes découvertes ont échappé à la masse des amateurs. C'est ainsi que nous avons constaté l'absence complète d'épreuves photochromiques d'après les procédés si pratiques de MM. Ducos du Hauron et Cros. Ce procédé, dira-t-on, exige une installation spéciale et peu à la portée de la majorité des amateurs. Cet argument est juste, mais il a moins de valeur pour la photographie aux poudres vitrifiables dont nous avons rencontré peu de spécimens. Mais, à défaut de photocromie et d'émaux, du moins eussions-nous aimé rencontrer plus d'épreuves monochromes obtenues à l'aide de plaques isochromatiques ou d'écrans.

Le procédé photocollographique n'est-il pas aussi trop délaissé ? Cependant, à notre avis, c'est le seul qui soit appelé à un avenir durable ; d'ici peu il détrônera les photocopies aux sels d'or, d'urane, etc., au platine, les papiers à la celloïdine, aristotypique, au citrate d'argent, etc. ; laissera-t-il même le temps au nouveau virage au cobalt de se répandre dans le monde photographique ? La formule de ce virage dû aux intelligentes recherches d'un membre de la Société des Amateurs Photographes va, en effet, être très prochainement publiée. Il supplantera tous ces procédés qui, après des manipulations nombreuses, rendues souvent inutiles par de fréquents insuccès, donnent des images, agréables à l'œil, il est vrai, mais qui contiennent dans leur composition même les germes d'une destruction aussi rapide qu'inévitable. Cette instabilité qui leur retire toute valeur au point de vue documentaire n'existe pas dans la photocollographie. Qui oserait comparer les épreuves obtenues par MM. Lumière et Boivin, par exemple, pour ne citer que deux noms de praticiens estimés, aux plus réussis spécimens du procédé platinotypique ? Combien ces images sont douces, sans fadeur cependant, et combien se prêtent-elles aux genres les plus variés ! Quoi de plus beau que les illustrations obtenues par ce moyen qui fait d'un livre un tout bien complet dont le texte et les illustrations offrent un aspect uniforme et ne produit pas cette discordance de tons résultant de l'encartage dans un texte imprimé de photocopies sur papier albuminé. Du reste, ce procédé n'offre pas de difficultés insurmontables pour l'amateur. Laissant de côté les manipulations énumérées par des chercheurs émérites, mais qui demandent un outillage dispendieux et encombrant, pourquoi ne pas appliquer dès maintenant, en cherchant à les perfectionner, celles qui sont recommandées par des praticiens plus modestes, mais qui connaissent mieux les ressources d'un atelier d'amateur. Il y a dans cet engouement pour les images brillantes produites par les papiers albuminés ou similaires une habitude que nous nous efforcerons de déraciner, persuadé qu'il y a, pour l'avenir de la photographie, un intérêt capital à abandonner la mise en pratique de procédés surannés.

Nous déplorions tout à l'heure que l'usage des plaques isochromatiques ne soit pas plus généralisé. Peut-être de nombreuses photocopies, application de ce procédé, nous ont-elles échappé dans les visites répétées, mais forcément rapides, que nous avons faites à l'Exposition. A qui la faute si nous n'avons pu les signaler? Fussent-elles restées inaperçues si, comme nous y comptions, les exposants avaient préparé pour chacune de leurs photocopies les notices explicatives au sujet desquelles nous avons déjà formulé notre desideratum dans le cours de notre compte rendu? Outre les comparaisons que tout amateur eût pu faire pour son compte personnel, chaque société déléguant quelques-uns de ses membres à cet effet pouvait faire procéder à une étude comparative dont les résultats réunis eussent été distribués ensuite. C'était le côté pratique de cette Exposition, et un acheminement vers un service de vérification des objectifs photographiques comme celui qui est installé à Kew et dont M. Léon Vidal expliquait naguère le fonctionnement. On eût, très certainement, constaté alors que les objectifs français et les divers appareils ou produits usités en photographie et provenant également des fabriques françaises ne le cédaient en rien aux mêmes objets venus à grands frais de l'étranger, que souvent même l'avantage restait à nos compatriotes. On arrivait ainsi, par le fait brutal de cette constatation, plus aisément qu'on ne le fera par une série d'articles sur le même sujet, à convaincre les amateurs qu'ils ont tout intérêt à s'adresser pour leurs achats à des maisons françaises. On obtenait donc un double résultat : satisfaire au désir bien légitime des amateurs toujours à la recherche du mieux, et donner de l'extension aux diverses branches de l'industrie photographique en France. Il est vrai que du même coup on ruinait, ou tout au moins on rendait bien difficile, le commerce des produits et appareils étrangers, mais de ceci nous n'avons cure.

INFLUENCE DES SOCIÉTÉS PHOTOGRAPHIQUES

Une chose qui frappera le public, c'est la petite quantité de sociétés photographiques qui ont participé à cette Exposition. Si elles atteignaient le nombre dix, nous pourrions faire une croix, mais elles n'arrivent pas à ce chiffre ; nous en avons compté *huit* et nous ne croyons pas en avoir oublié. Or il existait à l'ouverture de l'Exposition plus de cinquante sociétés en mesure d'y prendre part. Nous pourrions faire connaître

.es raisons qui ont amené cette déplorable abstention, nous préférons nous abstenir. Nous nous bornerons à faire remarquer aux sociétés dissidentes qu'elles ont manqué aux règles les plus élémentaires de la bonne confraternité. Les raisons qu'elles ont pu avoir de s'abstenir tombent devant ce fait que, cette première Exposition étant la confirmation des progrès réalisés par la science photographique en France, le concours de tous était nécessaire pour lui donner plus d'éclat. Devant le but poursuivi, les questions de personnalité devaient s'effacer. Quels arguments viendront opposer ces sociétés lorsque, dans nos revendications futures, on nous objectera le peu d'empressement mis par les groupes d'amateurs à faire constater, par leur présence à l'Exposition de 1892, l'immense courant qui se produit dans notre pays vers la photographie, cet art dont les moindres bienfaits sont l'élévation du niveau de l'instruction et le développement du goût.

Nous aurions aimé à montrer d'une manière irréfutable que le succès obtenu par le groupe « Amateurs » provient précisément de la formation de ces nombreuses sociétés dont l'influence s'accroît de jour en jour. Nous ne pouvons le faire, puisque les preuves réunies émanent d'une minorité vraiment trop faible. Néanmoins, cette petite quantité nous permet de dire que la création de sociétés à Paris comme en province a donné une impulsion considérable au mouvement qui avait commencé à se produire lors de la découverte des plaques sensibles au gélatino-bromure.

Les raisons qui ont aidé à ce mouvement sont diverses. A notre avis, les principales sont : la commodité résultant pour les associés des laboratoires, ateliers de pose et appareils spéciaux mis à leur disposition. L'exiguïté des locaux dont ils disposent, et le prix élevé de ces appareils empêcheraient la majorité d'entre eux de se les procurer s'ils étaient réduits à leurs seules ressources.

L'atelier de pose où l'opérateur règle l'arrivée et la répartition de la lumière suivant ses besoins permet d'obtenir pour le portrait des résultats qui laissent loin derrière eux ceux qu'obtiendrait, après beaucoup de peine et de tâtonnements, un amateur n'ayant à sa disposition que le plein air ou les chambres si mal éclairées des habitations modernes.

Les avantages du laboratoire consistent surtout dans le prêt gratuit de quelques appareils spéciaux, tels que : lanternes à projections, pupitres à retoucher, etc., d'un prix trop élevé pour le petit budget d'un amateur qui, sans ce prêt, ne pourrait utiliser qu'un bien petit nombre de procédés photographiques.

De plus, ces associations bénéficient de larges remises auprès des fabricants et sont assurées d'avoir toujours des produits de bonne qualité. Elles sont également tenues au courant par ces mêmes fabricants de toutes les nouveautés dont un spécimen, que ce soit un appareil ou un produit chimique, leur est envoyé pour qu'elles puissent se rendre compte des avantages qu'ils présentent sur les appareils ou les produits de création plus ancienne.

Mais, à côté de ces avantages purement matériels et auxquels, avec un peu d'ingéniosité, il est facile de suppléer, il en est un autre, d'un prix inestimable, qui consiste dans l'émulation régnant d'abord entre les divers membres d'une société, puis entre les sociétés, et qui les porte à travailler assidûment pour égaler ou surpasser leurs voisins, afin d'assurer leur suprématie ou celle du groupe auquel ils appartiennent. Ce sentiment, trop humain, hélas ! tourne ici à leur profit, et c'est lui, en partie, qui dans l'Exposition de cette année nous a permis de constater combien la science photographique était répandue parmi les amateurs.

Nous avons gardé comme dernier argument le plus puissant, mais le moins apparent de tous ceux qui pourraient être invoqués. C'est la direction même de ces sociétés. Par la seule inspection des noms des présidents et des membres des comités des associations françaises, il est facile de voir quels éléments de succès elles renferment. Pas un de ces noms qui ne brille dans les sciences ou dans les arts. Les difficultés les plus ardues s'aplanissent devant ces maîtres lorsque dans leurs conférences statutaires, ils expliquent à leurs collègues les effets chimiques ou physiques du procédé étudié en commun. Outre ces conférences où un petit nombre d'amateurs est seul admis, leur action s'exerce sur la totalité des photographes, professionnels ou amateurs, par les articles ou les brochures dans lesquels ils consignent les résultats de leurs recherches. C'est aux sociétés que nous devons de voir tant de vives intelligences appliquer leurs facultés à des études aussi utiles à la photographie qu'à la science pure, c'est donc aussi à elles que nous devons d'avoir maintenant des traités ayant une véritable valeur scientifique, rédigés par ces savants qu'elles ont su intéresser à la photographie, et retenir parmi elles comme membres d'honneur ou présidents actifs. Que les débutants, les amateurs isolés méditent ce vieux proverbe : *Væ soli !* et qu'ils sachent bien que, livrés à leurs propres forces, n'ayant pour guides que des traités généralement excellents en théorie, mais souvent peu pratiques, ils n'obtiendront jamais de résultats satisfaisants, et que bientôt, rebutés par leurs tentatives infructueuses, ils abandonneront, dans un accès d'humeur, la photographie qu'ils accuseront de ne pas leur avoir donné toutes les jouissances qu'ils entrevoyaient dans l'enthousiasme du début.

Ce découragement, ils ne le connaîtront jamais, si, suivant nos conseils, ils s'enrôlent dans une société qui les aidera de toute l'expérience acquise par ses membres.

Tout l'avenir de la photographie réside donc dans la formation de ces centres de travail et de recherches. Nous ne saurions trop engager nos lecteurs, s'ils ne font pas déjà partie d'une société, à envoyer leur adhésion à celle qui sera le plus proche de leur domicile ; ils y trouveront honneur et profit. Toutes sont bonnes ; peut-être parmi elles en est-il de meilleures, c'est alors qu'elles sont plus anciennes; mais le choix est inutile, car dans un avenir prochain, nous l'espérons, toutes seront de même valeur.

IV

LE MATÉRIEL PHOTOGRAPHIQUE

Il y a peu de nouveautés à signaler dans le matériel photographique soit à l'Exposition, soit au dehors.

Remarquons surtout l'optique photographique. Si nous n'y trouvons guère de nouveautés, nous y voyons néanmoins que, quoi qu'en disent quelques personnes, les opticiens français gardent le premier rang. Les *Benoist* et *Berthiot*, les *Berthiot*, les *Darlot*, les *Derogy*, les *Hermagis*, les *Prazmowski* peuvent luttersans crainte avec les étrangers.

Pour comparer les objectifs, des appareils assez compliqués sont nécessaires ; nous retrouvons dans le groupe du matériel le tourniquet de M. *Moessard* et le focomètre de M. *Mergier* dont nous avons déjà parlé.

Comme nouveau type d'objectif nous ne trouvons guère que le télé-objectif de M. *Jarret*. Un télé-objectif, comme on sait, est destiné à donner directement des images assez grandes d'objets éloignés. La téléphotographie, après avoir été un peu étudiée il y a quelques années, était tombée dans l'oubli. Elle en a été tirée cette année par le télé-objectif de Dallmeyer sur lequel la presse a fait beaucoup plus de bruit qu'il n'en méritait. C'était un merveilleux appareil. S'il fallait en croire les éloges que lui ont prodigués les journaux anglais et même quelques journaux français dans lesquels on pouvait lire *qu'il donnait des images de différentes grandeurs, depuis les plus réduites quand le verre dépoli est placé à une faible distance* (0^m,03) *de l'objectif, jusqu'à des images très agrandies quand l'objectif est éloigné du verre dépoli de* 0^m,50, 0^m,60 *et même davantage*. Cet objectif avait, disait-on, une profondeur de foyer illimitée (!) et permettait l'instantané (!). Mais tout d'abord on ne sut en quoi il consistait. Très habile à battre la grosse caisse de la réclame, l'Anglais s'était bien gardé de le dire de suite. Il savait bien qu'on ne lui en demanderait pas plus long, que l'amateur français accepte à bras ouverts tout ce qui vient de l'étranger dès qu'on lui en parle un peu. C'est là un fait qui n'est pas à notre honneur et qu'il est difficile de comprendre. Les opticiens français, s'ils ne font pas mieux, font au moins aussi bien que les étrangers. Seulement, ils ne font pas autant de réclame tapageuse.

L'objectif de Dallmeyer donc n'était qu'une des combinaisons de l'objectif à foyers multiples que M. *Derogy* a fait breveter en 1858. D'ailleurs en 1882 cet opticien a, sur la demande d'un officier suisse, construit un télé-objectif analogue à cette combinaison. Un objectif simple ordinaire composé d'un crown convergent et d'un flint divergent donne une image de l'objet éloigné à photographier, image qui est agrandie par un oculaire de Galilée achromatique composé d'un crown convergent entouré de deux flints divergents.

M. *Derogy* avait abandonné ces études quand apparut la réclame de Dallmeyer; en même temps que ce dernier, le Dr Miethe de Postdam construisait un télé-objectif fondé sur le même principe et qui ne laisse guère à désirer. Nous avons vu d'excellentes épreuves obtenues avec.

L'objectif de M. *Jarret* (construit en 1889, c'est-à-dire antérieur à ceux de Dallmeyer et de Miethe) donne aussi de bons résultats. Il comprend un objectif photographique ordinaire et un oculaire analogue à celui dont se servent à l'observatoire les frères Henry.

Comme nouveauté, nous remarquons aussi le *Cyclographe de M. Damoizeau*, appareil panoramique, dans lequel une pellicule sensible se déroule dans le plan focal avec une vitesse qui est dans un rapport convenable avec le mouvement correspondant du point nodal d'émergence de l'objectif, l'appareil tournant autour d'un axe principal.

Citons la coulisse porte-écran, l'appareil d'agrandissement et les viseurs si bien compris de M. *Fenaut*, de la Société photographique de Rennes.

Nous n'en finirions pas si nous voulions décrire les nouveaux modèles de chambres à main, d'obturateurs et de tous accessoires photographiques nés en 1892. Aucun n'ayant rien de bien nouveau, nous n'attaquerons pas cette description qu'il serait d'ailleurs difficile de faire d'une manière impartiale.

Citons cependant les divers modèles de laboratoires portatifs.

Jusqu'à présent aucun n'était bien convenable. Nous en avons remarqué deux qui nous semblent appelés à rendre de grands services.

L'un, celui de M. *Poitrineau*, est surtout

destiné aux personnes qui sont en villégiature et n'est pas précisément portatif.

L'autre, *Le Voyageur*, inventé par deux amateurs, se replie sous un faible volume et ne pèse guère que 700 grammes. Il est tout indiqué pour les excursions photographiques.

V

L'ENSEIGNEMENT DE LA PHOTOGRAPHIE EN 1892

L'année scolaire 1891-92 a vu de nombreux cours et conférences de photographie :

M. Gravier a fait son cours habituel à la Section Condorcet de l'Association philotechnique ; à la Section Montparnasse de la même association, M. Toupillier a fait un cours pratique.

L'Union française de la Jeunesse a imité son aînée, et le cours de M. H. Laedlein, vice-président de la Société des Amateurs Photographes, a réuni un grand nombre d'auditeurs à la Section Voltaire.

M. Cousin a fait une suite de leçons très intéressantes au laboratoire d'études de la Tour Saint-Jacques.

Le Conservatoire national des Arts et métiers, en attendant la création, réclamée par tout le monde, d'une chaire de photographie, a organisé une série de conférences très intéressantes sur les diverses branches de la photographie.

M. *A. Davanne*, après une courte introduction, a fait l'historique de la photographie.

M. *G. Demény* a exposé les méthodes si fécondes de la chronophotographie.

M. *Gabriel Lippmann* nous a montré comment il était arrivé à résoudre définitivement le problème de la chromophotographie.

M. *Janssen* nous a décrit les procédés de l'astrophotographie.

M. *Colson*, la théorie et les applications de la sténopéphotographie.

M. *C. Fabre* a montré comment agissait la lumière sur nos préparations sensibles.

M. *A. Cornu* a traité de la photographie céleste.

M. *A. Londe* a fait défiler devant nos yeux la photographie des divers malades de la Salpêtrière, en nous parlant de la photographie médicale.

M. *Fribourg* a exposé les méthodes de la photocartographie.

M. *Léon Vidal* nous a parlé de la reproduction des couleurs par la photographie et des projections polychromes.

M. *E. Wallon*, après avoir décrit les diverses

sortes d'objectifs, a montré comment on les fabriquait.

M. *E. Trutat*, sous prétexte de traiter l'enregistrement des phénomènes par la photographie, nous a décrit les glaciers.

M. *le colonel Laussedat* nous a initié aux méthodes de l'iconométrie de la métrophotographie.

M. *L. Duschesne* nous a appris comment on associait la chambre noire et le microscope.

M. *Moessard* nous a montré les panoramas photographiques.

M. *H. Becquerel* nous a rappelé les intéressants travaux de son père sur l'*héliochromie*.

M. *C. Gravier* a décrit les principaux procédés photographiques.

M. *Balagny* nous a donné le secret des impressions photocollographiques.

Enfin M. *Abel Buguet* a clos la série de ces conférences en nous expliquant ce qu'il entend par photométrie graphique et en nous énonçant les diverses unités photométriques.

En résumé, le grand nombre d'auditeurs venus pour écouter ces conférences montre qu'une chaire de photographie serait très bien placée dans cet établissement. S'il existe, comme nous l'avons vu au commencement de ce chapitre, quelques cours populaires de photographie, cette science n'a aucune place ou du moins qu'une place très petite dans l'enseignement supérieur. A la Sorbonne, où se forment un grand nombre de jeunes physiciens et chimistes qui ne pourront manquer un jour ou l'autre d'avoir recours aux méthodes si fécondes de la photographie, une heure à peine est consacrée à l'exposition de cette science, par M. Salet, dans son cours de photochimie. Il est juste de dire aussi que, par contre, la Faculté des sciences de Toulouse a chargé M. Fabre de prendre la photographie comme sujet de son cours de chimie industrielle.

Mais, à côté d'un enseignement supérieur de la photographie, une place est toute indiquée pour une école de photographie pratique, où cependant un ou deux cours apprendraient aux auditeurs les notions élémentaires de la théorie. C'est dans le but de créer cette école qu'a été fondée la première exposition de photographie. Nous ne saurions trop louer les promoteurs d'avoir eu l'idée de disposer des bénéfices de l'Exposition à une œuvre aussi utile et aussi patriotique. Malheureusement, nous craignons bien qu'ils ne suffisent pas. C'est qu'il faut de l'argent pour créer une telle école. Cependant nous pensons qu'on y arrivera à condition d'ouvrir, pendant au moins un an, une souscription à laquelle ne pourront manquer de répondre les nombreux amis de la photographie ; à condition aussi que, ce qui certainement ne fera aucune difficulté, les fabricants et marchands s'entendent pour offrir à l'école son matériel.

En attendant cette réalisation, l'Exposition a organisé dans son enceinte une série de cours et de conférences faites pour la plupart par les conférenciers du Conservatoire.

D'autres conférences particulières ont eu lieu sur la photographie ; nous n'en citerons que quelques-unes.

Au Photo-Club :

M. *H. Fourtier* a vivement intéressé ses auditeurs en leur parlant sur : La Science pittoresque au moyen des projections.

M. *Alph. Berget* a décrit les applications si nombreuses et si variées de la photographie à la physique.

M. *Gaston-Henri Niewenglowski*, après avoir comparé l'objectif à l'œil, a montré les diverses phases de sa fabrication.

M. *Mergier*, lauréat de la Faculté de médecine, bien connu par son focomètre (dont un modèle est en construction pour les objectifs photographiques, modèle sur lequel nous reviendrons prochainement) est allé cet hiver donner le goût de la photographie aux habitants de la petite ville de Meaux.

Le sujet de sa conférence était : La Photographie et ses *applications*. M. Mergier a montré à son auditoire que la photographie était une science éminemment française ; il a fait dérouler devant ses yeux, à l'aide d'une série de projections, les applications si nombreuses et si variées de la photographie. Il a terminé par un aperçu sur la photographie des couleurs.

VI

LES SOCIÉTÉS PHOTOGRAPHIQUES EN 1892

Le nombre des Sociétés photographiques augmente chaque année ; aussi a-t-on cru nécessaire de resserrer les liens qui les unissent par la création d'une *Union nationale des Sociétés photographiques de France*, dont voici les Statuts :

Union nationale des Sociétés photographiques de France

STATUTS

ARTICLE PREMIER. — La création de l'Union a pour but de réunir en un faisceau national les Sociétés de Photographie constituées en France, en respectant leur autonomie, mais en établissant entre elles des liens de confraternité et des relations amicales qui leur permettent d'unir leurs efforts lorsqu'elles auront à agir en commun dans l'intérêt général de la Photographie.

Art. 2. — Cette Union est représentée par un Conseil central formé de membres désignés, ainsi qu'il sera dit plus loin, par chacune des Sociétés photographiques ayant adhéré à l'Union.

Art. 3. — Pourront être admises à faire partie de l'Union toutes les Sociétés régulièrement constituées qui s'occupent spécialement de Photographie au point de vue de l'Art, de la Science, ou des intérêts généraux des photographes, à l'exclusion de celles qui seraient uniquement constituées pour faire des actes de commerce.

Art. 4. — Le siège de l'Union est établi à Paris au siège social de la Société française de Photographie.

Art. 5. — Le Conseil central est composé de délégués permanents nommés par chacune des Sociétés adhérentes, à raison d'un délégué par Société ; toutefois chaque Société peut, à tout moment, désigner un second délégué, pris comme le premier parmi ses membres, pour remplacer, à titre de suppléant, le délégué titulaire empêché. Chacun des délégués ne peut représenter qu'une Société.

Art. 6. — Les membres titulaires du Conseil central sont nommés pour un an et sont rééligibles. Leur désignation doit être notifiée chaque année au siège social de l'Union avant le 31 décembre.

Art. 7. — Le Conseil nomme dans son sein un bureau composé d'un Président, de deux Vice-Présidents, de deux Secrétaires et d'un Trésorier.

Art. 8. — Le Conseil central se réunit sur la convocation de son Président toutes les fois que cela peut être utile et au moins une fois par an ; il sera convoqué de droit sur la demande d'un quart au moins de ses membres.

Art. 9. — Il peut déléguer à une Commission permanente, dont fait partie de droit le bureau, l'expédition des affaires courantes.

Art. 10. — Le Conseil central est appelé à délibérer sur toutes les questions qui peuvent présenter pour les Sociétés affiliées un intérêt commun.

Art. 11. — Il s'occupe à ce titre des mesures à prendre pour développer les relations amicales entre les diverses Sociétés et pour concourir par des échanges de communications aux progrès de la Photographie.

Art. 12. — Il aide à cet effet à la diffusion des connaissances photographiques, notamment en facilitant l'essai des nouveaux appareils et des nouveaux produits, en provoquant l'envoi, à titre de prêts, d'appareils et de collections d'épreuves pour projections, en organisant des conférences, des séances d'expériences et des excursions, en coordonnant les efforts des Sociétés françaises pour la préparation et la publication des œuvres photographiques susceptibles d'honorer notre pays ou de faire progresser la Science ; enfin, en signalant à ces Sociétés, par le moyen de lettres circulaires, les faits importants qu'il peut être utile de porter à leur connaissance.

Art. 13. — Il fait auprès des Compagnies de chemins de fer et des grandes administrations les démarches nécessaires pour faciliter les déplacements et les réunions des membres des Sociétés adhérentes.

Art. 14. — Il prépare, s'il y a lieu, la tenue des sessions générales des Sociétés faisant partie de l'Union française soit à Paris, soit dans une autre ville, et il règle les conditions d'organisation de ces réunions de concert avec le Comité local qui sera constitué à cet effet.

Art. 15. — Le Conseil statue sur les propositions tendant à modifier l'organisation de l'Union; toute proposition de ce genre devra être communiquée aux Sociétés adhérentes deux mois au moins avant la séance dans laquelle elle sera discutée par le Conseil.

Les votes pour les modifications aux Statuts doivent réunir au moins les deux tiers des voix des membres présents, et ceux-ci représenter la majorité des Sociétés affiliées.

Art. 16. — Le Conseil provoque, de la part de ces Sociétés, l'examen et la discussion préalables des questions qui doivent être traitées dans les sessions et congrès de l'Union internationale de Photographie, et arrête le texte des résolutions à y présenter.

Art. 17. — Il centralise la préparation des documents à transmettre à l'Union internationale pour la rédaction de l'*Annuaire* et du *Bulletin* de cette Association.

Art. 18. — Pour couvrir les frais de fonctionnement de l'Union nationale, une cotisation de 20 francs par an est versée par chacune des Sociétés qui en font partie.

Les fonds ainsi réunis ne peuvent être appliqués qu'à des dépenses se rapportant au but de l'Association.

Il est rendu compte annuellement de leur emploi dans un rapport présenté au Conseil.

ART. 19. — En cas de dissolution, le Conseil central statuera sur l'emploi de l'actif.

ART. 20. -- Toute discussion étrangère au but de l'Union est formellement interdite.

ART. 21. — Les modifications aux présents statuts seront soumises à l'approbation de l'autorité compétente.

Disposition transitoire

A titre exceptionnel, et vu la tenue prochaine à Anvers d'une session de l'Union internationale, le premier Conseil central sera élu avant le 30 juin 1892, et ses pouvoirs n'expireront que le 31 décembre 1893.

A Paris, la *Société des Jeunes Amateurs photographes* a étendu son but et a été autorisée par arrêté du préfet de police, en date du 13 mai 1892, sous le nom de *Société des Ama-*

teurs photographes. Voici ses statuts tels qu'ils ont été acceptés par l'autorité compétente.

Statuts de la Société des Amateurs photographes

Article premier. — Une association d'amateurs photographes est fondée à Paris sous le nom de *Société des Amateurs photographes*. Le but de la Société est de mettre en commun les observations personnelles de chacun des membres et de leur faciliter les progrès dans l'art de la photographie par des travaux en commun, des conférences, des excursions, etc.

Le Siège social est situé, 48, rue Descartes, à Paris.

Art. 2. — La Société est placée sous le patronage d'un Comité d'honneur, composé de :

MM. Gabriel Lippmann, A. Davanne, Abel Buguet, Albert Londe, Maurice Bucquet, Paul Gers, Lenormand et Gaston Tissandier.

La Société se compose :

1° De *membres actifs*, résidant dans le département de la Seine, versant un droit d'entrée de 5 francs et une cotisation annuelle de 16 fr., payable par trimestre ;

2° De *membres correspondants*, résidant en province et versant une cotisation annuelle de 10 francs ;

3° De *membres donateurs*. Sont membres donateurs les personnes ayant fait à la Société un don de la valeur d'au moins 20 francs ;

4° De *membres honoraires*. Le titre de membre honoraire est décerné par la Société aux personnes dont elle veut reconnaître les services. Les membres honoraires ne sont tenus à aucune cotisation.

Les jeunes gens mineurs désirant faire partie de la Société doivent se munir d'une autorisation de leurs parents.

Art. 3. — La Société est administrée par un Comité renouvelable tous les ans, et composé de quatre membres, comprenant le Président, le Vice-Président, le Trésorier et le Secrétaire, nommés à la majorité des suffrages exprimés. Les membres actifs et correspondants pourront voter par correspondance ; le vote sera secret.

Le Comité a pleins pouvoirs et peut les déléguer à un ou plusieurs de ses membres.

Toutes les questions d'organisation intérieure non prévues par les statuts seront réglées par le Comité.

Nul ne peut être élu membre du Comité s'il

n'est Français et s'il ne jouit de ses droits civils et politiques.

Art. 4. — Toute discussion politique ou religieuse est formellement interdite. Le Comité peut à toute époque, et après avoir entendu la partie intéressée, exclure un des membres, mais seulement pour une cause grave.

Art. 5. — La dissolution de la Société ne peut avoir lieu que sur la proposition du Comité ou de la moitié des membres ; elle doit être votée par les trois quarts des Sociétaires.

En cas de dissolution, la liquidation sera faite par cinq membres nommés au scrutin secret.

Art. 6. — Il peut être apporté aux présents statuts toute modification pouvant intéresser la Société et indiquée par l'expérience. En cas de modifications statutaires, la Société devra solliciter de nouveau l'autorisation prévue par l'article 291 du Code pénal.

Art. 7. — L'acceptation de titre de membre de la Société comporte l'adhésion pleine et entière aux présents statuts.

Art. 8. — Le Président fera connaître à l'autorité les changements survenus dans la composition du Comité ; il lui adressera chaque année la liste des membres, ainsi qu'un compte rendu de la situation morale et financière de la Société.

LE COMITÉ

Président :	Gaston-Henri Niewenglowski.
Vice-Président :	Hippolyte Laedlein.
Trésorier :	François Hitier.
Secrétaire :	Maxime Brault.

Les amateurs qui désirent faire partie de la Société des Amateurs Photographes n'ont qu'à envoyer une demande d'adhésion contenant leurs nom, prénom, âge, profession et adresse au Président qui leur répond aussitôt après consultation du Comité.

En province, le mouvement continue aussi.

La *Société havraise de Photographie*, 23, rue de la Paix, au Havre, est devenue en quelques mois l'une des Sociétés de province les plus puissantes, grâce à l'activité de son président, M. Soret.

A Bordeaux, la *Société photographique de la Gironde* a installé ses locaux, 18, rue Tombe-d'Oly.

Il n'est pas jusqu'à Nougatville qui n'aie voulu avoir sa Société photographique, en fondant le *Photo-Club Montilien*.

En Algérie, la première Société de Photographie a été fondée sous le nom de *Photo-Club oranais*.

Enfin, trois photographes amateurs de la petite commune de Plouescat (Finistère), MM. B... et E. de V..., qui, en réalité, ne font qu'un, et M. J. T... ont créé un Syndicat universel privé des Amateurs Photographes (!)...

VII

EXPOSITIONS ET CONCOURS PHOTOGRAPHIQUES EN 1892

Première Exposition internationale de Photographie et des industries qui s'y rattachent. Organisée sous les auspices de la Chambre syndicale des fabricants et négociants de produits et appareils photographiques avec le concours du Photo-Club de Paris, et sous le patronage des Ministres de l'Instruction publique, du Commerce, des Travaux publics et de la Société française de photographie, elle comprend quatre sections principales :

I. Histoire de la photographie. — Photographie scientifique.

II. Photographie artistique : Amateurs. — Professionnels.

III. Photographie industrielle.

IV. Fabricants de produits et appareils.

Président: A. Attout-Tailfer. — *Commissaire général :* Hettisch.

Exposition internationale de Photographie à Grenoble, juillet 1892. — *Commissaire :* M. Giraud, boulevard de Bonne.

Société d'Agriculture, Sciences et Arts de la Haute-Saône. — Section de Photographie. — Concours d'épreuves réservé aux membres des Sociétés photographiques. — Extrait du Palmarès :

Prix d'honneur (*médaille de vermeil*)
M. H. Colon, à Anvers (Belgique).

CATÉGORIES DES PAYSAGES
(46 concurrents)

Diplome d'honneur.	M. Goldschmidt, à Paris.
1er Prix. *Méd. Vermeil.*	M. G. Guillaume, à Paris.
2e — — *Argent.*	M. J. Rigaux, à Bruxelles.
3e — — —	M. de Bost, à Rennes.
4e — — *Bronze.*	M. L. Pernot, à Vesoul.
5e — — —	M. Ed. Dubois, Suisse.
6e — — —	M. Ch. Degaye, à Marseille.
7e — — —	M. Berthier-Geoffray, à Villefranche (Rhône).
8e — — —	M. G. Dussol, à Paris.
9e — — —	M. A. Graux, Besançon.
10e — — —	M. A. Boutique, à Douai.
11e — *Ment. Honor.*	M. Maurillier, à Besançon.

CATÉGORIE DES INSTANTANÉES ORDINAIRES
(35 concurrents)

Diplome d'honneur.	M. G. Guillaume, à Paris.

1er Prix. *Méd. Vermeil.* M. le Vte d'Hauteville, à Niort.
2e — — *Argent.* M. Berthier-Geoffray.
3e — — — M. le Dr Decaux, à Caen.
4e — — *Bronze.* M. Ch. Degaye, à Marseille.
5e — — — M. J. Rigaux, à Bruxelles.
6e — — — M. Hannon, à Bruxelles.
7e — — — M. E. Dubois, Suisse.

CATÉGORIE DES INSTANTANÉES (Concours Courcelle)

1er Prix. *Méd. Vermeil.* M. Hiekel, à Paris.
2e — — *Argent.* M. le Dr Decaux, déjà nommé.
3e — — *Bronze.* M. de Lestapis, à Paris.

SOCIÉTÉ PHOTOGRAPHIQUE DE RENNES
RUE HOCHE, N° 15
(Fondée le 13 juin 1890, et autorisée par arrêté préfectoral du 1er août suivant)

1er CONCOURS NATIONAL DE PHOTOGRAPHIE
(5e Concours Semestriel)
ANNÉE 1892

Programme du Concours

Article premier. — La Société Photographique de Rennes organise un **Concours National** entre toutes les Sociétés Photographiques de France régulièrement constituées.

Art. 2. — L'admission au Concours est entièrement gratuite; mais toute personne *française* qui désirerait concourir devra, *si elle ne fait partie d'aucune Société photographique*, verser préalablement, entre les mains du Trésorier, une somme de 10 francs, égale au montant de la cotisation des Membres honoraires de la Société photographique de Rennes.

Art. 3. — Les épreuves, désignées par un titre, devront être montées sur carton, et sous verre autant que possible.

Art. 4. — Elles devront être adressées **franco** au Secrétaire, rue Hoche, n° 15, du 15 au 30 novembre prochain ; passé ce délai, aucune épreuve ne pourra être admise.

Art. 5. — Le nombre des épreuves envoyées par chaque concurrent ne pourra être inférieur à **deux**, ni supérieur à **vingt**.

Art. 6. — Tous les formats d'épreuves seront admis.

Art. 7. — Les adhésions sont reçues dès à présent.

Art. 8. — Les épreuves ayant figuré à un concours quelconque seront rigoureusement refusées.

Art. 9. — Chaque concurrent **sera absolument tenu** de remplir soigneusement toutes les colonnes d'un Bulletin spécial de Concours, dont un exemplaire lui sera adressé *aussitôt qu'il en aura fait la demande au Secrétaire*.

Art. 10. — Pour éviter toute confusion, chaque

épreuve devra porter, collée au dos du carton (ou du cadre si elle est sous verre), une étiquette spéciale, dont les concurrents recevront autant d'exemplaires qu'ils en demanderont au Secrétaire, qui les leur adressera en même temps que leur bulletin de Concours.

Art. 11. — Le Concours comprendra vingt sections :

1° Portrait.

2° Groupes.

3° Animaux.

4° Monuments. — Ruines. — Motifs d'architecture. — Statues. — Bas-reliefs, etc.

5° Scènes et tableaux de genre.

6° Intérieurs *sans magnésium*.

7° Intérieurs obtenus à la lumière du magnésium.

8° Paysages. — Sous-bois. — Cascades. — Rochers, etc.

9° Marines. — Bateaux.

10° Vues panoramiques et vues d'ensemble.

11° Reproductions de tableaux, gravures, cartes, plans, manuscrits, vitraux, photographies, porcelaines, statuettes, médailles, bijoux, armes, machines, pièces céramiques et archéologiques, etc.

12° Diapositifs sur verre. — Positifs sur porcelaine et verre opale.

13° Epreuves au charbon, au platine, et sur toile ou soie.

14° Instantanées à vitesse moyenne, obtenues à l'aide d'un obturateur mécanique.

15° Instantanées *justifiant par elles-mêmes d'une vitesse excessive.*

16° Agrandissements.

17° Photocollographie et autres procédés photo-mécaniques.

18° Photomicrographie et photographie à grande distance.

19° Epreuves stéréoscopiques.

20° Epreuves originales : Illustrations décoratives, vignettes dégradées, épreuves composites, photocromographie, etc.

Art. 12. — En outre, le Concours comportera un sujet facultatif : l'illustration, par une seule photographie (*scène de genre et paysage*), de la petite pièce de vers suivante, de J. Richepin :

LE PÊCHEUR A LA LIGNE

Un chapeau de paille jaune,
Dont les bords n'ont pas d'ourlet,
Au bout de sa pointe en cône
Une plume de poulet.

Un chapeau de paille encore,
Un troisième, un autre! Ainsi
Le rivage se décore
Du Point-du-Jour à Bercy [1].

Sous ces éteignoirs sans nombre,
Rien ne bouge. On ne peut voir
Que les pas lents de leur ombre
Qui s'allonge avec le soir.

Pourtant de chaque statue
Sort un grand sceptre en roseau,
Et ce peuple s'évertue
A tremper du fil dans l'eau.

Tout le long de la journée,
O Destin! tu leur promets
La douce proie ajournée,
Qu'ils n'attraperont jamais.

Et pas un ne s'indigne,
Pas un ne songe à partir!
Car le pêcheur à la ligne
Vit et meurt vierge et martyr!

Art. 13. — Les épreuves seront classées par ordre de mérite, et chaque section comportera, s'il y a lieu, un premier et un second prix, et une mention honorable ou deux, suivant les cas.

Art. 14. — Le premier prix consistera en une médaille de bronze, grand module, et le deuxième en une médaille de même métal, petit module. Toutefois, dans le cas où une épreuve présenterait un mérite particulier, le Jury pourrait lui

[1] Le paysage importe peu, naturellement.

décerner une médaille d'argent, ainsi qu'à l'exposant dont l'ensemble des épreuves le ferait placer hors concours.

Art. 15. — Une médaille de vermeil sera accordée à l'auteur de la meilleure épreuve du *Pêcheur à la ligne*.

Art. 16. — Toute Société présentant au moins cinq concurrents aura droit à une médaille commémorative.

Art. 17. — Les épreuves figureront à une exposition publique qui durera huit jours, après la clôture du Concours.

Art. 18. — Elles seront ensuite retournées aux concurrents qui les réclameront *avant le 1er janvier* 1893, mais à leurs frais.

Art. 19. — Le résultat du Concours sera adressé à chaque Président des Sociétés concurrentes, dans la première quinzaine de décembre.

Art. 20. — Le Jury chargé de décerner les récompenses sera composé de cinq membres ne prenant pas part au Concours.

Art. 21. — Tous les cas non prévus dans le présent Programme seront réglés sans appel par le Comité.

Pour le Comité :
Le Vice-Président,
A. SAVARY.

Société des Jeunes Amateurs Photographes. — Première Exposition. Joinville-le-Pont, octobre 1891.

Société d'encouragement pour l'industrie nationale. Prix de 1,000 *francs pour un obturateur photographique.*

La rapidité du fonctionnement sera environ d'un cinquantième de seconde en moins. Le temps d'ouverture totale ou pleine pose devra égaler la moitié du temps du fonctionnement, ou plus, s'il se peut, le reste étant employé pour ouvrir et fermer.

Le diamètre de l'ouverture totale égalera au moins le dixième de la longueur focale de l'objectif auquel l'obturateur est principalement destiné.

Les dimensions seront restreintes, appropriées à un appareil de campagne, la manœuvre sera facile pour la mise au point, la pose à volonté, les variations de temps de pose rapide.

S'il se peut, le même obturateur s'adaptera à des objectifs de différents diamètres.

Le prix sera décerné, s'il y a lieu, en 1892.

Prix Ferrier. — M. Ferrier fils, ayant fondé en mémoire de son père un prix perpétuel qu'il a chargé la Société française de Photographie de décerner, le Conseil d'administration a décidé que ce concours porterait sur l'obtention de procédés nouveaux pour le tirage d'épreuves positives transparentes destinées à former des épreuves stéréoscopiques, des épreuves pour projections ou des vitraux photographiques. La valeur du prix sera de 600 francs.

La clôture du concours aura lieu le 31 décembre 1892.

S'adresser au Secrétariat de la Société française de Photographie, 76, rue des Petits-Champs, Paris.

Prix Péligot. — La famille Péligot a fait don à la Société française de Photographie d'une médaille à décerner tous les deux ans à une personne que la Société en jugera digne pour un service rendu à la Photographie.

Médaille Jansenn. — M. Jansenn a donné à M. G. Lippmann une médaille argent qui portera son nom et sera attribuée tous les ans.

Société française. — Dans la réunion du 5 février, le Comité d'administration annonce qu'il a décidé l'ouverture de deux concours pour lesquels les mémoires et dessins explicatifs devront être déposés au siège de la Société, le 31 décembre 1892 au plus tard.

PREMIER CONCOURS

Une médaille d'argent sera décernée à l'inventeur d'un procédé permettant de faire facilement et sûrement des contretypes directs à la chambre noire.

SECOND CONCOURS

Une médaille d'argent sera décernée à l'inventeur d'un procédé d'éclairage artificiel permettant de faire dans un salon des photographies instantanées sans danger, sans fumée, sans odeur et sans appareils compliqués ni très coûteux.

VIII

LA LITTÉRATURE PHOTOGRAPHIQUE EN 1892

Comme tous les ans, l'année 1892 a vu surgir un nombre assez grand de journaux et d'ouvrages photographiques. Nous leur ferons à presque tous un reproche, celui de ne pas se conformer assez aux règles de langage établies par les deux Congrès internationaux. C'est aux journalistes et aux auteurs qu'il appartient de vulgariser l'emploi des termes fixés par les deux Congrès.

Regrettons aussi que la Librairie photographique ne soit pour ainsi dire pas représentée à l'Exposition de Photographie.

La Librairie Gauthier-Villars a publié en 1892 :

Coupé (l'abbé J.). — *Méthode pratique pour l'obtention des diapositives au gélatinochlorure d'argent pour projections et stéréoscope.* In-18 jésus, avec figures dans le texte; 1892.

Donnadieu — *Traité de Photographie stéréoscopique* Grand in-8, avec atlas de 20 planches stéréoscopiques en photocollographie; 1892.

Fourtier (**le capitaine H.**). — *Dictionnaire pratique de Chimie photographique*, contenant une *Étude méthodique des divers corps usités en Photographie*, précédé de *Notions usuelles de Chimie* et suivi de *Manipulations photographiques*. Grand in-8; 1892.

— *La pratique des Projections*, 4 volumes in-18 jésus; 1892.

I. *La pratique des Projections*. — II. *Les Tableaux*. — III. *La séance de Projections*. — IV. *Projections scientifiques et agrandissements*.

— *Les positifs sur verre*. Grand in-8; 1892.

Londe (**A.**). — *La photographie appliquée aux sciences médicales et physiologiques*. Grand in-8, avec nombreuses planches; 1892.

Trutat (**E.**). — *Manuel pratique des impressions photographiques aux encres grasses*. Photocollographie à l'usage des amateurs. In-18 jésus, avec figures et 1 planche en photocollographie; 1892.

Vidal (**Léon**). — *Traité pratique de Photolithographie*, suivi d'un Manuel opératoire pour l'Autographie, la Photographie sur bois ou sur métal à graver, les transports des impressions anciennes sur pierre et sur zinc. In-18 jésus; 1892.

Vidal (**Léon**). — *Traité pratique de Photogravure en relief et en creux*. In-18 jésus; 1892.

La Société d'éditions scientifiques a publié :

Bigeon (Arm.), membre de la Société des Amateurs photographes, lauréat de la Faculté de Droit de Paris. — *La Photographie devant la loi et la Jurisprudence*, seul ouvrage de droit concernant la photographie et qui est d'une utilité incontestable et pour l'amateur et pour le professionnel.

Buguet (Abel). — *Recettes photographiques*, 2e série.
— *Annuaire de la photographie*; 1892.
— *L'année photographique*.

Hepworth. — *Manuel pratique des projections lumineuses*.
— *Les travaux du soir de l'Amateur photographe*.

Klary. — *Le photographe portraitiste*.

Maumené. — *Chimie photographique*.

Niewenglowski (Gaston-Henri), président de la Société des Amateurs Photographes, directeur du journal *La Photographie*. — *L'Objectif photographique, fabrication, essai, emploi*.
— *Notions élémentaires d'Optique photographique*.

M. G.-H. Niewenglowski a en outre publié :

Notions élémentaires de photographie à l'usage des amateurs, 4e édition (librairie Michelet).

Dictionnaire photographique.

Et en collaboration avec M. A. Reyner : *La photographie en 1892.*

A la Librairie de la Science en famille, 118, rue d'Assas, à Paris, qui a aussi publié en 1892 :

Trutat. — *Les épreuves à projections.*

Bergeret et Drouin. — *Les récréations photographiques.*

Tranchat (Ch.). — *La Science pratique appliquée aux arts industriels.*

Jouan. — *Formulaire photographique.*

Voirin. — *Manuel pratique de phototypie.*

Ganichot. — *Traité de retouche des positifs et des négatifs.*

Brandt. — *La photographie des couleurs ; état actuel de la question.*

Ganichot. — *Traité élémentaire de chimie photographique.*

La librairie Plon, Nourrit et Cie a publié, sous la direction de M. Marc Le Roux, un splendide Annuaire illustré de la photographie pour 1892.

Les journaux photographiques nés en 1892 sont :

1° A Paris :

La Photographie, journal mensuel illustré, publié sous la direction de M. Gaston-Henri Niewenglowski, 91, rue de Seine, Paris.

L'Objectif; 154, rue Lafayette.

Le Vulgarisateur de la photographie.

2° En province :

Lille-Photographe, organe de la Société photographique de Lille

L'Avenir Photographique, organe de l'Union photographique du Pas-de-Calais.

Le Bulletin de la Société Caennaise de photographie; 12, rue des Jacobins, Caen.

Ajoutons que le *Figaro*, sous le nom de *Figaro-Photographe, a consacré tout un numéro à la photographie.*

TABLE DES MATIÈRES

Tours. — Imp. Deslis Frères.

Tours. — Imp. Deslis Frères.

www.ingramcontent.com/pod-product-compliance
Ingram Content Group UK Ltd.
Pitfield, Milton Keynes, MK11 3LW, UK
UKHW021057260726
13994UKWH00002B/543